光科学の世界

Photon Pioneers Center in Osaka University
大阪大学 光科学センター

［編］

朝倉書店

執　筆　者（＊は編集者）

＊安食 博志（あじき ひろし）	大阪大学光科学センター
井上 恭（いのうえ きょう）	大阪大学大学院工学研究科
磯山 悟朗（いそやま ごろう）	大阪大学産業科学研究所
實野 孝久（じつの たかひさ）	大阪大学レーザーエネルギー学研究センター
宮永 憲明（みやなが のりあき）	大阪大学レーザーエネルギー学研究センター
朝日 一（あさひ はじめ）	大阪大学産業科学研究所
松本 正行（まつもと まさゆき）	和歌山大学システム工学部
原田 隆史（はらだ たかし）	大阪大学太陽エネルギー化学研究センター
松村 道雄（まつむら みちお）	大阪大学太陽エネルギー化学研究センター
森 直（もり ただし）	大阪大学大学院工学研究科
平井 隆之（ひらい たかゆき）	大阪大学太陽エネルギー化学研究センター
占部 伸二（うらべ しんじ）	大阪大学大学院基礎工学研究科
吉村 政志（よしむら まさし）	大阪大学大学院工学研究科
高谷 裕浩（たかや やすひろ）	大阪大学大学院工学研究科
伊都 将司（いと しょうじ）	大阪大学大学院基礎工学研究科
宮坂 博（みやさか ひろし）	大阪大学大学院基礎工学研究科
芦田 昌明（あしだ まさあき）	大阪大学大学院基礎工学研究科
田島 節子（たじま せつこ）	大阪大学大学院理学研究科

（執筆順）

まえがき

　光科学は環境・エネルギー，ナノ材料科学，生物・生命科学，光通信技術，量子情報処理技術などを含む，あらゆる分野において重要かつ学際性豊かな基盤技術を提供している．その理由の一つは，光が物やその状態を「見る」ために必要不可欠な媒体であるからだろう．実際，様々な波長の光と計測機器を利用することで，原子や分子の観察，医療診断からブラックホールまで，ありとあらゆる情報を得ることができる．また，光は半導体や超伝導体などの物性を理解したい場合でも極めて強力なツールである．しかも，光は情報を得る手段として利用できるだけではない．光のエネルギーを使えば，半導体微細加工や太陽電池，光触媒，光化学反応などにも利用できる．その結果，光は様々な科学技術，産業技術の進歩に大きく貢献し，人々の生活を豊かにしてきた．光科学・技術の爆発的な発展は人類がレーザー光を手に入れてから始まった．したがって，新しい特殊な光源の開発により，光科学・技術はさらに発展することが容易に想像できる．現在では極めて高強度なレーザー光や放射光，逆に極めて微弱で光の粒子性が顕著に現れる量子光，X線領域まで波長を自由に変えることができる自由電子レーザーなど特殊な光とその光源を利用することができるようになった．したがって，光科学・技術は今後ますます発展すると予想される．

　大阪大学光科学センターは，多彩な分野で重要な役割を担う光科学が学べる場として，大学院高度副プログラム「学際光科学」を立ち上げた．本書は第一線の研究者でもあり教育経験も豊富な「学際光科学」の担当教員により執筆されている．本書では分野を問わず多様なテーマを取り上げ，それらを四つの章に分類した．第1章は最先端の特殊な光とその応用について，第2章は現在すでに社会で広く利用されている光技術について，第3章は光による物質の操作および物質による光の操作について，第4章では光による物質やその性質の探索についてまとめた．分野横断的に様々な光科学・技術を取り上げているた

め，専門分野でない読者にも概要が理解できるような記述を心がけた．そのため，本書は大学院生・技術者・研究者が光科学・技術について幅広い知識を得るのに適している．また，理工系学部の3，4年生にとっては研究室を選択する際の手がかりとして本書を利用することもできるだろう．

　本書により読者が光科学・技術の幅広い分野に興味を持ち，それをきっかけに様々な分野で活躍することとなれば，編著者一同にとって望外の喜びである．

大阪大学光科学センター　安 食 博 志

目　　次

1 　特殊な光の世界 ……………………………………………………………… 1
　1.1　量子力学の不思議な光――量子もつれ光 ……………［井上　恭］… 2
　　1.1.1　はじめに ……………………………………………………………… 2
　　1.1.2　量子力学的重ね合わせ状態 ………………………………………… 2
　　1.1.3　量子もつれ状態 ……………………………………………………… 6
　　1.1.4　発生法 ………………………………………………………………… 10
　　1.1.5　応　用 ………………………………………………………………… 12
　　1.1.6　まとめ ………………………………………………………………… 14
　1.2　広い分野で活躍する放射光と自由電子レーザー ……［磯山悟朗］… 15
　　1.2.1　序　論 ………………………………………………………………… 15
　　1.2.2　高エネルギー電子が放射する光 …………………………………… 16
　　1.2.3　放射光 ………………………………………………………………… 18
　　1.2.4　自由電子レーザー …………………………………………………… 25
　1.3　未来を拓く超高強度レーザー …………［實野孝久・宮永憲明］… 31
　　1.3.1　はじめに ………………………………………………………………… 31
　　1.3.2　高強度レーザー ………………………………………………………… 31
　　1.3.3　超短パルスレーザーの構成 …………………………………………… 33
　　1.3.4　超短パルスレーザーの要素技術 ……………………………………… 34
　　1.3.5　高エネルギー超短パルスレーザー装置 ……………………………… 37
　　1.3.6　LFEX に用いられた要素光学素子技術 ……………………………… 38
　　1.3.7　まとめ …………………………………………………………………… 42

2 　社会に貢献する光の世界 ……………………………………………………… 43
　2.1　省電力で光る――発光ダイオードと半導体レーザー
　　　　……………………………………………………………［朝日　一］… 44

2.1.1　はじめに …………………………………………………… 44
　2.1.2　半導体の発光と発光波長 …………………………………… 45
　2.1.3　発光ダイオード（LED）…………………………………… 48
　2.1.4　半導体レーザー（LD）……………………………………… 51
　2.1.5　高性能 LED，LD …………………………………………… 55
　2.1.6　新しい半導体レーザー：量子カスケードレーザー ……… 59
　2.1.7　まとめ ………………………………………………………… 60
2.2　光ファイバー通信の長距離・高速化に向けて──光信号再生技術
　　　………………………………………………………[松本正行]… 61
　2.2.1　はじめに ……………………………………………………… 61
　2.2.2　全光信号再生と光電気変換型信号再生 …………………… 62
　2.2.3　光 QPSK 信号の全光学的位相再生 ………………………… 63
　2.2.4　光電気変換型 DQPSK 信号再生器 ………………………… 68
　2.2.5　まとめ ………………………………………………………… 73
2.3　エネルギー問題解決のホープ──太陽電池
　　　………………………………………………[原田隆史・松村道雄]… 75
　2.3.1　はじめに ……………………………………………………… 75
　2.3.2　今日につながる太陽電池研究・開発の歴史 ……………… 76
　2.3.3　太陽電池材料 ………………………………………………… 78
　2.3.4　太陽電池の基本動作原理と変換効率 ……………………… 80
　2.3.5　太陽電池の低コスト化を目指した取り組み ……………… 85
　2.3.6　まとめ ………………………………………………………… 87

3　光で操る・光を操る世界 ……………………………………………… 89
3.1　光エネルギーを用いた化学変換──有機光反応 ………[森　直]… 90
　3.1.1　概　観 ………………………………………………………… 90
　3.1.2　光異性化 ……………………………………………………… 91
　3.1.3　環化反応 ……………………………………………………… 97
　3.1.4　電子環状化反応 ……………………………………………… 100
　3.1.5　その他の光反応 ……………………………………………… 103

3.2 光触媒——光エネルギーを化学に活かすキーマテリアル
　　　　　　　　　　　　　　　　　　　　　　　　　　　　［平井隆之］… 106
3.2.1 光触媒反応とは …………………………………………………… 106
3.2.2 光触媒反応のメカニズムと特徴 …………………………………… 106
3.2.3 光触媒反応の利用 …………………………………………………… 109
3.3 レーザーによるイオンの冷却 …………………………［占部伸二］… 115
3.3.1 はじめに ……………………………………………………………… 115
3.3.2 イオントラップ ……………………………………………………… 116
3.3.3 レーザーによるイオンの冷却 ……………………………………… 118
3.3.4 レーザーによる冷却イオンの量子状態制御 ……………………… 123
3.3.5 冷却イオンの応用 …………………………………………………… 126
3.3.6 おわりに ……………………………………………………………… 129
3.4 光の波長を変える非線形光学結晶 ……………………［吉村政志］… 131
3.4.1 はじめに ……………………………………………………………… 131
3.4.2 波長変換の基礎 ……………………………………………………… 131
3.4.3 主な非線形光学結晶 ………………………………………………… 140
3.4.4 おわりに ……………………………………………………………… 144

4 光で探る世界 ………………………………………………………………… 145
4.1 超精密な生産技術の基盤となる光計測 ………………［高谷裕浩］… 145
4.1.1 超精密とは？ ………………………………………………………… 145
4.1.2 長さの定義と光 ……………………………………………………… 148
4.1.3 変位の計測 …………………………………………………………… 153
4.1.4 寸法，形状の計測 …………………………………………………… 160
4.1.5 さらなる超精密への挑戦 …………………………………………… 163
4.2 ミクロの世界を探索する——ミクロ分子分光
　　　　　　　　　　　　　　　　　　　　　　　　［伊都将司・宮坂　博］… 165
4.2.1 単一分子分光の黎明 ………………………………………………… 165
4.2.2 単一分子計測から得られる情報 …………………………………… 166
4.2.3 光学的単一分子計測装置 …………………………………………… 167

4.2.4　単一分子検出の材料科学への応用例……………………… 170
　4.2.5　単一分子イメージング法のさらなる進歩：3次元分解能の実現
　　　　　…………………………………………………………… 175
　4.2.6　おわりに……………………………………………………… 176
4.3　エレクトロニクスとフォトニクスをつなぐテラヘルツテクノロジー
　　　　……………………………………………［芦田昌明］… 178
　4.3.1　はじめに……………………………………………………… 178
　4.3.2　テラヘルツ分光で何がわかるか…………………………… 181
　4.3.3　時間領域分光法とは………………………………………… 184
　4.3.4　テラヘルツ時間領域分光法に用いられる発生・検出法……… 187
　4.3.5　超短パルスレーザーとその波形…………………………… 189
　4.3.6　超広帯域時間領域分光法の現状…………………………… 192
　4.3.7　高強度化とさらなる発展…………………………………… 196
4.4　光で探索する超伝導の世界……………………［田島節子］… 198
　4.4.1　はじめに……………………………………………………… 198
　4.4.2　固体中の電荷応答と光学スペクトル……………………… 199
　4.4.3　金属の光学応答……………………………………………… 202
　4.4.4　超伝導体の光学応答………………………………………… 207
　4.4.5　まとめ………………………………………………………… 212

索　引………………………………………………………………………… 215

1 特殊な光の世界

1.1 量子力学の不思議な光——量子もつれ光

1.2 広い分野で活躍する放射光と自由電子レーザー

1.3 未来を拓く超高強度レーザー

1.1
量子力学の不思議な光——量子もつれ光

1.1.1 はじめに

　物質をどんどん分割していくと，最後には原子核や電子といった最小の粒に行きつく．量子力学はこのような極微小な物理系を対象とする学問分野であり，そこでは極微小であるがゆえの現象がさまざまに発現する．光の場合も同様で，光パワーを下げていくと，これ以上分割できない最小のエネルギー単位に行き当たる．これを光子（photon）という．そして，光が光子であることから派生する現象を取り扱う分野が量子光学である．

　量子力学・量子光学が対象とする極微小な世界には，通常の感覚では摩訶不思議と思える現象や状態が存在する．その代表例が，量子もつれ（quantum entanglement）である．かのアインシュタインは量子力学の創出にも大きく貢献したが，その彼からして，自然界でそんなことが起こるはずはないと，量子もつれの存在に疑義を呈する論文を発表している．本節では，この摩訶不思議な光の状態である量子もつれ光について述べる．（なお，皮肉なことに，上記アインシュタインの論文は共著者の頭文字をとってEPRの論文と呼ばれ，そこでの主張を実験的に否定することにより量子もつれが認知されるようになったことから，量子もつれ状態をEPR状態とも呼ぶ．）

1.1.2 量子力学的重ね合わせ状態

　量子もつれを説明するには，その前段階として，量子力学的重ね合わせ状態（quantum mechanically super-positioned state）について述べなくてはならな

1.1 量子力学の不思議な光——量子もつれ光

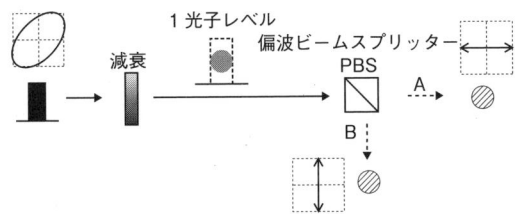

(a) PBS による光子測定系

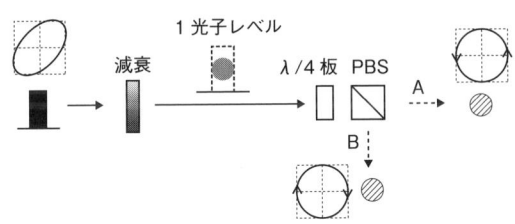

(b) λ/4 板＋PBS による光子測定系

図 1.1.1　偏波ビームスプリッターからの光子出力

い．

　光は横波であり，その電磁場は進行方向に対して垂直面上で振動する．この垂直面上での振動の仕方を偏波（polarization）という．垂直面は 2 次元平面であるので，偏波状態は横振動成分と縦振動成分に分けた 2 次元ベクトルで表すことができる．そして二つの成分は，偏波ビームスプリッター（Polarization Beam Splitter, PBS）を通ると，二つの端子（たとえば，横成分は端子 A，縦成分は端子 B）に分離されて出力される（図 1.1.1(a)）．では，1 光子レベルまで減衰させた光を PBS に入射すると，どのように出力されるであろうか．減衰前であれば横偏波成分と縦偏波成分に分離されるところだが，光子はこれ以上には分割されない最小単位である．したがって，二つの端子のいずれか一方に出力されることになる．端子 A に出力されれば横偏波光子といえるし，B に出力されれば縦偏波光子といってよいであろう．つまり，極限まで減衰された光は，あるときは横偏波光子状態，またあるときは縦偏波光子状態，ということになる．どちらであるかはまったく予測不可能である．ただし，減衰前の光が縦・横成分比に応じて分離されることから類推して，同じ状態の光子を多

数用意して順次 PBS に入射し，その出力結果を合算すると，減衰前の光の成分比に従う割合で横偏波光子または縦偏波光子となっているであろう．一つの光子についてみれば，その光子が縦偏波であるか横偏波であるかの確率は与えられるといえる．

このように，確率的に複数の状態でありうる状態を「重ね合わせ状態」と呼び，次のように表す．

$$|\Psi\rangle = c_1|\phi_1\rangle + c_2|\phi_2\rangle \tag{1.1.1}$$

$|\phi_1\rangle$ と $|\phi_2\rangle$ はとりうる状態，上の例でいえば横偏波光子状態と縦偏波光子状態を表し，係数 $\{c_1, c_2\}$ で各状態の確率を表現する．ただし，たとえば成分比が 2:1 であるときに，直接的に $\{c_1 = 2/3, c_2 = 1/3\}$ とするのではなく，この係数は複素数であるとし，その絶対値 2 乗で確率を表すものとする（$|c_1|^2 = 2/3, |c_2|^2 = 1/3$）．なお，光子はどちらかには出てくる，すなわち全部の確率を足し合わせると 1 になるはずなので，各係数は $|c_1|^2 + |c_2|^2 = 1$ という関係式を満たしている．これを規格化条件という．

係数を複素数とするのは，減衰前の状態を正確に反映させるためである．光の偏波の場合，その状態は縦・横の成分比だけでなく，両者の位相差を加えて表される．たとえば，右斜め 45°直線上に振動する光と左斜め 45°直線上に振動する光は，どちらも縦・横成分比は 1:1 であるが，振動の位相差が前者では 0，後者では π である．このような状態の違いを重ね合わせにも持ち込むために，係数を複素数とし，その位相に上記の位相差情報を付与する．ついでながら，複素係数の絶対値 2 乗を確率とするのは，通常光の複素振幅の絶対値 2 乗が光強度であることに対応している．

上記では，減衰後の光子状態は確率的と述べたが，正確には，減衰後かつ PBS 入射前である．PBS 透過後は，どちらの状態であるか定まっており，たとえば端子 A への出力光子をさらに別の PBS に入射すれば，必ず横偏波光子として出力される．これは，PBS を通ることにより，確率状態から確定状態へと光子の状態が変化したということである．PBS は，光子が縦偏波であるか横偏波であるかを決める観測系といえる．すなわち，光子状態は観測により確率状態から確定状態へ変化する，という言い方ができる．式で表すと，

$$|\Psi(\text{観測前})\rangle = c_1|\phi_1\rangle + c_2|\phi_2\rangle \Rightarrow |\Psi(\text{観測後})\rangle = |\phi_1\rangle \text{ または } |\phi_2\rangle \tag{1.1.2}$$

1.1 量子力学の不思議な光——量子もつれ光

ということである．このように，観測行為により状態が変化することも，極微小な量子力学的世界の特徴の一つである．

以上では，減衰光をPBSに入射するという状況設定から，重ね合わせ状態について説明した．実は，重ね合わせの表し方は1通りではない．たとえば，PBSの前段に四分の一波長（$\lambda/4$）板を置き，そこへ光を入射するという設定に変えてみる（図1.1.1(b)）．$\lambda/4$板は，光の偏波状態を，横直線⇔左回り円，縦直線⇔右回り円，と可逆に変換する光学素子である．このようにすると，PBSの端子Aに出力されるのは{横直線偏波@PBS前}={左回り円偏波@$\lambda/4$板前}，端子Bに出力されるのは{縦直線偏波@PBS前}={右回り円偏波@$\lambda/4$板前}，となる．つまり，{$\lambda/4$板+PBS}を一つの観測系としてみなして，この観測系前の光子の状態がどうであるかという見方をすると，端子Aへ出力されれば左回り円偏波光子，端子Bへ出力されれば右回り円偏波光子，といえる．これは，上記における{横偏波光子と縦偏波光子}を{左回り円偏波光子と右回り円偏波光子}に置き換えたのとまったく同じである．したがって，光子状態を横偏波状態と縦偏波状態の重ね合わせとしたのと同様に，左回り円偏波状態と右回り円偏波状態の重ね合わせとして表すこともできる．

このように光子の状態は，観測系に応じた基本状態（上の例では，PBSに対しては横偏波光子と縦偏波光子，$\lambda/4$板+PBSに対しては左回り円偏波光子と右回り円偏波光子）の重ね合わせで表される．量子力学では，この重ね合わせの基本状態を基底状態（basis state）と呼ぶ．また，各基底状態の確率を表す係数を確率振幅（probability amplitude）と呼ぶ．振幅と名付けられているのは，これが複素数であり，通常光の複素振幅に対応することによる．

なお以上では，偏波を例に話を始めたため基底状態の数は二つとしてきたが，一般にはもっと多くの基底状態の重ね合わせでもよく，さらには，基底状態が連続的で，確率振幅が連続関数である場合もある．実をいうと，通常の量子力学の教科書に出てくる電子の波動関数は，基底状態を電子の位置としたときの確率振幅である（波動関数が$\Psi(x)$であるときに電子がxに存在する確率は$|\Psi(x)|^2$）．

1.1.3 量子もつれ状態

前項では1光子を題材にして量子力学的重ね合わせ状態を説明したが，複数光子をまとめて一つの物理系とみなし，これの重ね合わせ状態を考えることもできる．たとえば，二つの光子を合わせて一つの物理系とみなし，この系全体の偏波状態を考えてみる．光子一つの状態は縦偏波か横偏波かの2通りなので，2光子系の偏波状態としては，{光子1：縦，光子2：縦}{光子1：縦，光子2：横}{光子1：横，光子2：縦}{光子1：横，光子2：横}の4パターンがありうる．したがって，全体系はこの4状態の重ね合わせとなり，一般には次のように表される．

$$|\Psi\rangle = c_{HH}|H\rangle_1|H\rangle_2 + c_{HV}|H\rangle_1|V\rangle_2 + c_{VH}|V\rangle_1|H\rangle_2 + c_{VV}|V\rangle_1|V\rangle_2 \quad (1.1.3)$$

上式では，横偏波状態を $|H\rangle$，縦偏波状態を $|V\rangle$ とし，添え字1,2で光子1または光子2についてであることを示し，そしてたとえば $|H\rangle_1|V\rangle_2$ は光子1が横偏波かつ光子2が縦偏波である状態，とした．1光子系の場合と同様に，各項の係数はその絶対値2乗が各状態の確率を与え，規格化条件 $|c_{HH}|^2 + |c_{HV}|^2 + |c_{VH}|^2 + |c_{VV}|^2 = 1$ を満たしているものとする．

式（1.1.3）は2光子系の一般的な重ね合わせ状態であるが，特殊な形態として，次式で表される状態が考えられる．

$$|\Psi\rangle = \frac{1}{\sqrt{2}}|H\rangle_1|H\rangle_2 \pm \frac{1}{\sqrt{2}}|V\rangle_1|V\rangle_2 \quad (1.1.4a)$$

$$|\Psi\rangle = \frac{1}{\sqrt{2}}|H\rangle_1|V\rangle_2 \pm \frac{1}{\sqrt{2}}|V\rangle_1|H\rangle_2 \quad (1.1.4b)$$

たとえば式（1.1.4a）は，この2光子系の観測結果は $|H\rangle_1|H\rangle_2$ または $|V\rangle_1|V\rangle_2$ のいずれかであり，どちらになるかは完全にランダム，すなわち発現確率は1：1，という状態を表している．ここで注目されたいのは，各光子が縦偏波か横偏波かはランダムであるが，一方が縦偏波なら他方も必ず縦偏波，一方が横偏波なら他方も必ず横偏波，となっていることである（図1.1.2(a)）．すなわち，個々の観測結果は完全にランダムでありながら，両者を照らし合わせると必ず対になっている．この事情は式（1.1.4b）でも同様である．このような

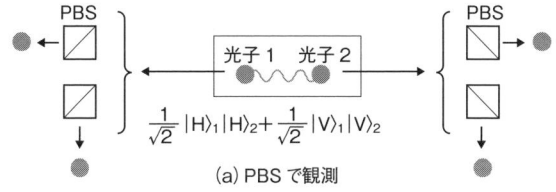
(a) PBS で観測

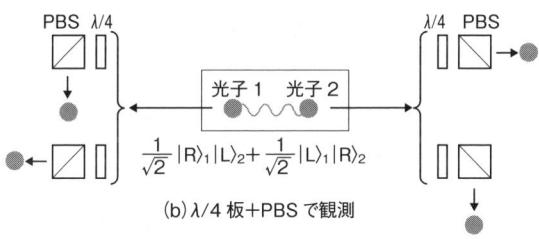
(b) λ/4 板＋PBS で観測

図 1.1.2　量子もつれ光子対の観測

相関関係にある 2 光子を，量子もつれ光子対（quantum entangled photon pair）あるいは一般に量子もつれ状態という．ただし，たとえば

$$|\Psi\rangle = \frac{1}{\sqrt{2}}|H\rangle_1|H\rangle_2 + \frac{1}{\sqrt{2}}e^{i\theta}|V\rangle_1|V\rangle_2 \quad (\theta \neq 0, \pi) \qquad (1.1.5)$$

という状態も上記の相関特性を示すが，この場合は不完全な量子もつれという．その理由は後ほど述べる．

　前項で述べたように，量子力学的重ね合わせには，観測前は確率的であるが観測すると確定状態へ変化する，という性質がある．この変化は観測した瞬間に起こる．このことを式 (1.1.4) の重ね合わせ状態に当てはめると，普通の感覚とは相容れない奇妙なことが起こることに気が付く．たとえば，式 (1.1.4a) の状態にある 2 光子の一方（光子 1）を地球に留め置く一方，他方（光子 2）を月に送ったとする．観測前は，両光子とも縦偏波か横偏波か定まらない確率状態であるが，光子 1 を観測して横偏波 $|H\rangle_1$ であったとすると，2 光子系の状態は $|H\rangle_1|H\rangle_2$ となり，したがって光子 2 は横偏波 $|H\rangle_2$ という確定状態となる．この状態変化は，2 光子間の距離によらず瞬時に起こる．あたかも，光速を超える速度で，地球での観測結果が月にある光子の状態に影響を及

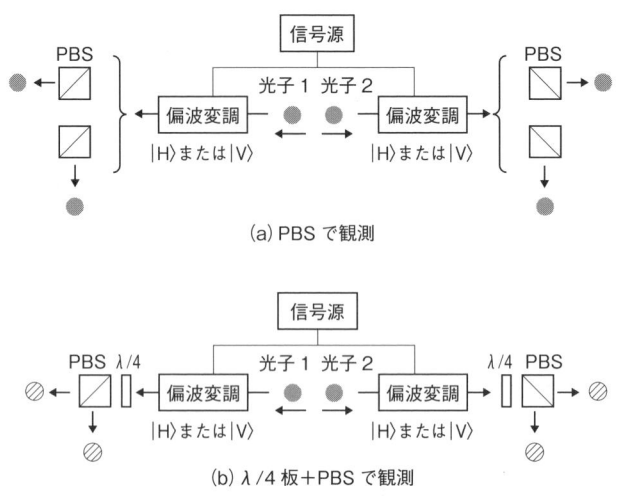

図1.1.3 古典的な相関光子対の観測

ぼしたがごとくである．量子もつれがいわれ出した当初，この不思議さは物理学者達を悩ませ，何かしら二つの光子をつなぐ媒体があり，それを通して一方の状態変化が他方に影響を与えるのではないかというアイデアも出された．しかし今では，このような媒体は存在しないことが実験的に証明されている．

さらに不思議なことには，2光子の相関関係は観測系を変えても成り立つ．実は，個々の観測結果はランダムでありながら両者を照らし合わせると対になっている，ということだけであれば，量子もつれでなくても実現可能である．たとえば，光子を二つ用意し，それぞれの偏波状態を同一のランダム信号で縦偏波か横偏波に変調する（図1.1.3）．この光子対をそれぞれPBSに通すと，個々の観測結果は縦・横ランダムであるが，両者を照らし合わせると，一方が縦偏波なら他方も縦偏波，一方が横偏波なら他方も横偏波，となっている（図1.1.3(a)）．これは一見，上記の量子もつれ特性が実現されているようにみえる．しかしながらこの相関特性は，観測系を変えると消え去ってしまう．たとえば，観測系を右回り円偏波か左回り円偏波かを測定する系（$\lambda/4$板＋PBS）に変えてみる（図1.1.3(b)）．すると，通常の縦偏波光または横偏波光が等しく2分岐されるのと同様にして，各光子は二つの出力端子にランダムに出力される．この事象は二つの光子で独立に起こるので，両者の出力特性に

はまったく相関がない．

一方，量子もつれではどうか．前項で述べたように，重ね合わせの表し方は観測系に依存する．{λ/4板＋PBS} という観測系に対する基底状態は，右回り円偏波と左回り円偏波である．そこで，式（1.1.4a）のプラス状態をこの二つの基底状態で書き直してみる．通常光において，右回り円偏波光，左回り円偏波光を直交振動成分に分けて表すと，それぞれ $(E_0, E_0 e^{i\pi/2})=(E_0, iE_0)$, $(E_0, E_0 e^{-i\pi/2})=(E_0, -iE_0)$ と書かれる（E_0 は振幅を表す定数）．このことから，右回り円偏波光子 $|R\rangle$ と左回り円偏波光子 $|L\rangle$ を，それぞれ次のように表してよいであろう．

$$|R\rangle = \frac{1}{\sqrt{2}}|H\rangle + \frac{i}{\sqrt{2}}|V\rangle \tag{1.1.6a}$$

$$|L\rangle = \frac{1}{\sqrt{2}}|H\rangle - \frac{i}{\sqrt{2}}|V\rangle \tag{1.1.6b}$$

これより逆に，$|H\rangle$ と $|V\rangle$ が $|R\rangle$ と $|L\rangle$ とで書き表され，それを式（1.1.4a）に代入すると，次式が得られる．

$$|\Psi\rangle = \frac{1}{\sqrt{2}}|R\rangle_1|L\rangle_2 + \frac{1}{\sqrt{2}}|L\rangle_1|R\rangle_2 \tag{1.1.7}$$

上式は，被観測状態は $|R\rangle_1|L\rangle_2$ と $|L\rangle_1|R\rangle_2$ の重ね合わせでもあることを表している．したがって，観測結果は $|R\rangle_1|L\rangle_2$ か $|L\rangle_1|R\rangle_2$ かのいずれかであり，光子1が右回り円偏波 $|R\rangle_1$ なら光子2は左回り円偏波 $|L\rangle_2$，光子1が左回り円偏波 $|L\rangle_1$ なら光子2は右回り円偏波 $|R\rangle_2$，となる．すなわち，二つの光子の観測結果には相関がある（図1.1.2(b)）．

このように，量子もつれでは観測系を変えても観測結果に相関関係が成り立つ．その不思議さは，図1.1.3で述べた2光子状態と比較するとよくわかるであろう．なお，式（1.1.5）のように，二つの確率振幅の位相差が0またはπ以外である状態を不完全な量子もつれというのは，観測系を変えても相関関係が成立するという性質が満たされないためである．試しに式（1.1.5）を $|R\rangle$ と $|L\rangle$ で書き直してみると，

$$|\Psi\rangle = \frac{1}{2\sqrt{2}}(1-e^{i\theta})(|R\rangle_1|R\rangle_2 + |L\rangle_1|L\rangle_2) + \frac{1}{2\sqrt{2}}(1+e^{i\theta})(|R\rangle_1|L\rangle_2 + |L\rangle_1|R\rangle_2)$$

$$\tag{1.1.8}$$

となる.$\theta \neq 0$ または π の場合,四つの基底状態がすべて残ってしまい,相関関係は成り立たない.

1.1.4　発　生　法

式の上では確かに前項のような不思議な性質を示すが,では実際にそのような状態は実在しうるのか.本項では,量子もつれの発生法について述べる.

代表的な実現方法は,パラメトリック・ダウン・コンバージョン (Parametric Down Conversion, PDC) と呼ばれる光非線形現象を用いる手法である.図1.1.4にその一構成例を示す.ポンプ光と呼ばれる周波数 f_p の強い光を,斜め直線偏波としてPBSに入射し,縦直線偏波と横直線偏波光に等しく分離する.各ポンプ光はそれぞれ光非線形媒質に入射され,ここでPDC現象によりシグナル光子(周波数 f_s)とアイドラー光子(周波数 f_i)が発生する(添え字 s, i はシグナル,アイドラーの意味).各非線形媒質で発生したシグナル光子とアイドラー光子は,二つ目のPBSにより同一端子へと合波される.このように構成すると,合波PBSから量子もつれ光子対が出力される.以下,その原理を説明する.

まず,PDCについて述べる.3.4節「光の波長を変える非線形光学結晶」では,第二高調波発生(Second Harmonic Generation, SHG)が取り扱われている.周波数 f_0 のポンプ光を光非線形媒質に入射すると,周波数 $2f_0$ の光が

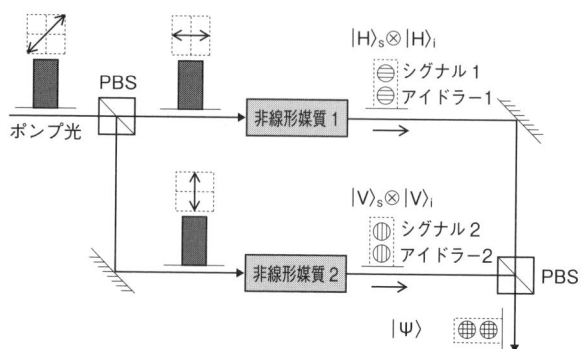

図1.1.4　量子もつれ光子対発生法の構成例

発生する現象である．この現象は，光子モデルでは，2個のポンプ光子が結合してSHG光子1個に変身したものとみることができる．ここで，ポンプ光子2個に対してSHG光子1個であるのは，1光子のエネルギーがhf（h：プランク定数，f：光周波数）であるためである．SHG光子1個のエネルギーが$h \times 2f_0$なので，これを産み出すにはポンプ光子が2個必要となる（$2 \times hf_0$）．PDCはこのSHGの逆過程である．すなわち，周波数f_pのポンプ光子1個から周波数$f_p/2$の光子2個が発生する．さらに，条件をうまく整えれば，周波数が$f_p/2+\Delta f$と$f_p/2-\Delta f$である光子を1個ずつ発生させることもできる．この際，エネルギー保存を満たすため，二つの光子は必ずペアで発生する．また，条件を整えると，必ずポンプ光と同じ偏波状態で発生する．ただし，ポンプ光が1個あれば必ず光子ペアが発生するわけではなく，ある確率でPDC現象が起こる．この事情は，SHGにおいてポンプ光のすべてがSHG光に変換されるわけではないのと同様である．なお，このようにして発生する二つの光子を，慣例的にシグナル光子，アイドラー光子と呼ぶ．

　上記の，シグナル光子とアイドラー光子が必ずペアかつ同じ偏波状態で発生するという性質が，量子もつれ状態の実現に利用される．非線形結晶で発生する状態は，ポンプ光が縦偏波の場合は$|V\rangle_s|V\rangle_i$，横偏波の場合は$|H\rangle_s|H\rangle_i$，と表される．したがって，図1.1.4の構成において，非線形媒質1では$|H\rangle_s|H\rangle_i$，非線形媒質2では$|V\rangle_s|V\rangle_i$，が発生する．この二つの光子対状態が2段目のPBSで合波される．ここで，PDCの発生確率ηは非常に小さく，$1 \gg \eta \gg \eta^2$であるとする．η^2は二つの非線形媒質がともに光子対を発生する確率であるので，光子対が2ペア発生する確率は1ペア発生する確率に比べて無視できるほど小さいという状況である．すると，PBSからは，ときどき1組の光子対が出力されることになる．このとき，出力される光子対が非線形媒質1で発生した$|H\rangle_s|H\rangle_i$なのか，非線形媒質2で発生した$|V\rangle_s|V\rangle_i$なのかは，観測しないとわからない．観測すると，あるときは$|H\rangle_s|H\rangle_i$，またあるときは$|V\rangle_s|V\rangle_i$，となる．これは，$|H\rangle_s|H\rangle_i$と$|V\rangle_s|V\rangle_i$の重ね合わせ状態にほかならない．式で表すと，

$$|\Psi\rangle = \frac{1}{\sqrt{2}}|H\rangle_s|H\rangle_i + \frac{e^{i\theta}}{\sqrt{2}}|V\rangle_s|V\rangle_i \qquad (1.1.9)$$

ということである．位相 θ は 2 組の光子ペアの伝搬位相で決まり，伝搬経路を適切に制御すれば，$\theta=0$ または π とすることができる．これにより，式 (1.1.4a) で表される量子もつれ光子対が実現される．シグナル光子とアイドラー光子を分離したければ，波長フィルタを用いればよい．なお上式において，係数を $1/\sqrt{2}$ としているのは，1 組の光子対が出力されたことを前提としているためである．

　以上で述べたのは量子もつれ発生法の一例であり，その他，さまざまな手法により量子もつれ状態は生成されている．そしてそれらを用いて，前項で述べた不思議な性質が実験的に検証され，また次項で述べる応用研究が行われている．

1.1.5　応　　　用

　量子もつれは，量子力学的重ね合わせ状態の性質がもっとも特徴的に体現される状態といえる．そのため，量子力学を検証する題材として研究されてきた．今では，さまざまな実験的研究の結果，量子もつれの存在ならびに量子力学的重ね合わせの正しさは万人の認めるところとなっている．このように，もっぱら理学的興味から研究が行われてきたが，近年では，量子もつれを工学的に応用する研究も進められている．本項では，量子もつれ光の応用について述べる．

　一番わかりやすいのは，量子暗号通信である．量子暗号とは，量子力学の原理を利用して絶対に安全な暗号通信を実現する技術であり，より具体的には，量子力学的重ね合わせ状態を用いて，暗号通信のための暗号鍵（実体はランダムなビット列）を離れた 2 者に配信するシステムである．量子暗号にもいくつかの方式があるが，なかでも量子もつれを利用する方式は，もっとも安全性が高く，また長距離システムに適したものとされている．

　図 1.1.5 に，量子もつれ暗号鍵配送システムの基本構成を示す．暗号鍵を配信したい 2 者の中間地点に量子もつれ光源を配置し，発生させたもつれ光子対の一方を受信者 1 に，他方を受信者 2 に送信する．各受信者は，それぞれ 2 種類の観測系を用意し，どちらかをランダムに選んで受信光子を測定する．する

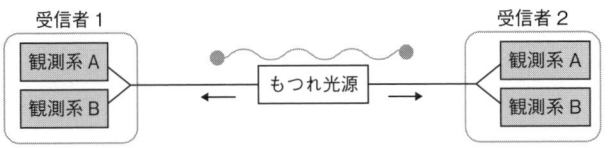

図 1.1.5 量子もつれを用いる暗号鍵配送方式

と，同じ観測系であった場合には，量子もつれの相関性により，両者は同じ測定結果を得る．ただし，観測系が違っているとそうはならない．そこで，光子の送受信後に，選んだ観測系を教え合い，同じ観測系だったときの測定結果から「1」または「0」のビットを生成し，違っていたときの測定結果は破棄する．この操作を多数の光子について行い，ビット列を生成する．このようにすると，両者は同一のランダムビット列を共有することになる．上記ビット列生成過程において，2 者間でやりとりするのは観測系に関する情報だけであり，ビット値そのものは表に出てこない．したがって，共有したビット列は 2 者のみが知るところとなり，これを暗号鍵として用いる．

では，上記により生成した暗号鍵はなぜ安全といえるのか．それには，これまで述べた重ね合わせ状態の性質が活かされている．盗聴者が鍵ビットを知るためには，何らかの手段で，もつれ光源から受信者までの伝送路上の光子の状態を測定しなければならない．ところが，1.1.2 項で述べたように，重ね合わせ状態は観測すると確定状態へと変化する．量子もつれの場合，たとえば，

$$|\Psi(観測前)\rangle = \frac{1}{\sqrt{2}}|H\rangle_1|H\rangle_2 + \frac{1}{\sqrt{2}}|V\rangle_1|V\rangle_2 \;\Rightarrow\;$$

$$|\Psi(観測後)\rangle = |H\rangle_1|H\rangle_2 \;または\; |V\rangle_1|V\rangle_2$$

となる．観測後の状態は，図 1.1.5 で述べた確定状態と同じである．したがって，盗聴者が盗み見た光子を受信者が測定すると，一つの観測系では相関があるものの，他方の観測系ではまったく相関のない測定結果となる．そこで，いくつかのテストビットを照合し，不一致ビットがあれば，盗聴が行われた可能性ありと判断する．逆にいうと，不一致ビットがなければ，盗聴されていないことが保証される．このように，量子もつれの相関性を利用して鍵ビットを生成し，重ね合わせの状態変化特性を利用して安全性を保証する．これが，量子もつれを用いた量子暗号通信システムである．

量子もつれのほかの応用としては，量子コンピュータが挙げられる．通常の計算機が「0」「1」の2値を基本要素とするのに対して，量子コンピュータでは「0」「1」の重ね合わせ状態を基本要素とする．これを量子ビット（quantum bit）という．量子ビットに用いる物理媒体としては，電子のスピン状態や超電導の電流状態などさまざまなものが研究されているが，光子もその候補とされている．本書では量子コンピュータの原理およびその有効性の詳細を説明する余裕はないが，イメージ的にいうと，量子力学的重ね合わせの性質を利用して超並列計算を行うのが量子コンピュータである．そして，計算結果を得るための量子ビットの操作に，量子もつれの相関性や観測による状態変化が利用される．

その他，量子テレポーテーション，量子稠密コーディング，量子光計測，などといった応用システムの研究も進められている．

1.1.6 ま と め

本節では，通常の感覚とは相容れない不思議な性質をもつ光である量子もつれ光について述べた．極微小世界における物理系は確率的な重ね合わせ状態であることを述べた後，その2光子系の特殊な重ね合わせ状態である量子もつれ光子対の不思議な相関特性を説明した．量子もつれ光は，その不思議さから主に理学的興味の対象として研究されてきたが，最近では，工学的な応用研究も進められている．それらについても紹介した．

［井上　恭］

1.2

広い分野で活躍する放射光と自由電子レーザー

1.2.1 序論

　放射光（synchrotron radiation）は，高エネルギー電子が放射する強度と指向性の高い光で，遠赤外から硬X線にわたる広い波長領域でさまざまな分野の基礎研究から応用研究に利用されている．電子を安定に長時間蓄えることができる電子ストレージリングが光源として用いられ，電子エネルギーが1 GeV前後の軟X線光源と2.5 GeV以上のX線光源に大別される．自由電子レーザー（Free Electron Laser, FEL）は，放射光を発光の基礎過程とするレーザーで，通常レーザーの動作が難しい赤外線領域とX線領域で単色，波長連続可変，コヒーレントな高輝度光を発生することができ，次世代の放射光光源として本格的な利用が始まったところである．

　ここで紹介する放射光と自由電子レーザーは，高エネルギー電子や電子ビームが加速度運動をするとき，電子のもつ運動エネルギーの一部を光として放射する現象を使う．その場合，光の発生原理から性質まで，古典電磁気学で理解することができる．電子や陽子などの荷電粒子は，静止しているときや一定速度で運動しているときには，そのまわりに電場や磁場を発生するが，無限の彼方まで届く電波や光を放射しない．これらの荷電粒子が，電場や磁場による力を受けて速度や運動方向を変えるとき，すなわち加速されるときに光を放射する．荷電粒子が放射する光のパワーは加速度が大きいほど増大するので，同じ力を受けて光を放射する場合，質量の小さい，一般的な言葉でいうと軽い粒子ほど大きなパワーの光を放射する．したがって，普通は電子やその反粒子である陽電子による光の放射を考えれば十分である．

波長の長い光である電波は，電子管や半導体素子を用いた発振器で発生して通信をはじめとして多くの分野で日常的に利用されている．その原理は上に述べた電子の加速度運動と同じで，大きい電流をオン・オフしたり，真空中で電子の塊を一定間隔で発生して加速度運動をさせて大パワーの電波を発生する．このような古典電磁気学的手法で電磁波を発生する場合，一般に発生源の大きさは光の波長程度以下である．日常生活で使う電波でもっとも高い周波数はマイクロ波と呼ばれるギガヘルツ帯で，波長に換算すると 30 cm 程度である．他方，波長は可視領域で 400〜800 nm, X 線では 0.1 nm が代表的な値で，マイクロ波の波長と比べると 6 桁から 10 桁短い．このような短波長の光をマイクロ波発生と同じ手法を用いて発生することは事実上不可能である．そこで，光速に近い速度で運動する電子または多数の電子が束になった電子ビームを用いて，相対論的効果による大強度で短い波長の光を発生する方法が用いられる．これが，放射光や自由電子レーザーである．

1.2.2　高エネルギー電子が放射する光

高エネルギー電子が放射する光の一般的な性質を説明するために必要な記号 β と γ を紹介する．特殊相対性理論で使われる記号 $\beta=|\boldsymbol{\beta}|$ と γ はともに無次元の量で，電子の速さを v, 静止エネルギー $m_0 c^2$ と運動エネルギー K の和である全エネルギーを $E_\mathrm{T}=m_0 c^2+K$ とおくと，それぞれ $\beta=v/c$, $\gamma=E_\mathrm{T}/m_0 c^2$ と定義される．すなわち β は光速 c を単位に測った電子の速度であり，γ は電子の静止エネルギー 0.511 MeV を単位に測った全エネルギーである．β と γ の間には，

$$\beta^2 = 1 - \frac{1}{\gamma^2} \tag{1.2.1}$$

という関係がある．この関係式は，特殊相対性理論の運動量とエネルギーの関係式 $E_\mathrm{T}^2=(cp)^2+(m_0 c^2)^2$ と等価である．電子が静止しているときには，$\gamma=1$ であり，エネルギーが増加するとともに無限大に向かい大きくなる．したがって γ の範囲は，$1 \leq \gamma < \infty$ である．これを式 (1.2.1) に代入すると β の範囲は $0 \leq \beta < 1$ となる．

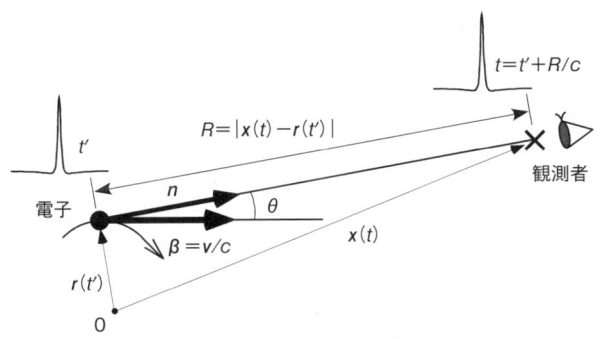

図 1.2.1 遅延時間の説明

古典電磁気学で高エネルギー電子が光を放射する過程を理解するときに重要な役割を果たす遅延時間（retarded time）を説明する．特殊相対性理論の前提は，光速が有限であり，一定速度で運動するどのような座標系でみても光速は $c \cong 2.998 \times 10^8$ m/s と一定である．図 1.2.1 に示すように運動中の電子が何らかの加速度運動をして時刻 t' に光を放射したとする．電子から距離 R だけ離れた点の観測者は時刻 $t = t' + R/c$ にその光を見る．ここで $R = |\boldsymbol{x}(t) - \boldsymbol{r}(t')|$ は電子と観測者の距離で，$\boldsymbol{x}(t)$ は観測者の位置，$\boldsymbol{r}(t')$ は電子の位置である．光速が有限であるため，観測者が光を見る時刻は，電子が光を放射した時刻より光が距離 R を進む時間 R/c だけ遅れる．ここでは，時間軸上の1点を時刻といい，2時刻の間隔を時間と呼ぶことで，時間と時刻を区別して使う．この時刻の関係式を時間の関係に直すため t を t' で微分する．

$$\frac{dt}{dt'} = 1 - \boldsymbol{n}(t') \cdot \boldsymbol{\beta}(t') = 1 - \beta \cos \theta \qquad (1.2.2)$$

$\boldsymbol{n}(t') = [\boldsymbol{x}(t) - \boldsymbol{r}(t')]/|\boldsymbol{x}(t) - \boldsymbol{r}(t')|$ は電子から観測者に向く単位ベクトル（大きさが1のベクトル）で，$\boldsymbol{\beta} = \boldsymbol{v}/c = [d\boldsymbol{r}(t')/dt']/c$，$\theta$ は観測者の方向と電子の運動方向とのなす角である．式（1.2.2）は，電子が放射するパルス光の幅 $\Delta t'$ と観測者が見るパルス幅 Δt が一般に等しくないことを意味する．高エネルギー電子（$\gamma \gg 1$）の運動方向（$\theta = 0$）で光を観測するとそのパルス幅は，$\Delta t \cong \Delta t'/2\gamma^2$ になる．ここで，式（1.2.1）より $\beta = \sqrt{1 - 1/\gamma^2} \cong 1 - 1/2\gamma^2$ を使った．電子エネルギー 8 GeV の SPring-8 の場合，$\gamma = 15600$ であるので，電子が放射した光パルスを前方で観測すると，電場の時間幅は 2×10^{-9} 倍に圧縮さ

れ,逆に電場のピーク値は 5×10^8 倍高まる.その結果,非相対論的電子が光を放射する場合に比べて,波長が 5×10^8 分の1に短くなり,電場の2乗に比例する光パワーは 2.5×10^{17} 倍に増大する.電子の進行方向から外れて光を観測する場合,式(1.2.2)で $\theta\neq0$ であるので観測者に対する電子の速度が低下する.その結果,正面で見た場合に比べて,電場パルスの時間幅が延び,したがって放射パワーが小さくなる.これにより,放射パワーの角度広がりは $1/\gamma$ 程度となり,γ が大きい場合には非常に小さな値となる.これらの結果をまとめると,高エネルギー電子が放射する光は運動方向に集中して,その角度広がりは $1/\gamma$ 程度であり,光の波長は $1/2\gamma^2$ と短く,放射パワーは $4\gamma^4$ 倍と高い.これらは,高エネルギー電子が放射する光の一般的性質であり,発光過程にはよらない.光の時間構造や周波数スペクトルは,電子のエネルギーだけではなく軌道や受ける加速度など発光過程と観測方向に依存する.

1.2.3 放 射 光

　放射光は,高エネルギー電子が磁場で曲げられたときに放射する光の一般名称である.以前は軌道放射(Synchrotron Orbital Radiation, SOR)といわれていたが,シンクロトロン放射やシンクロトロン光と呼ばれた時期を経て,現在では放射光という名が一般的である.シンクロトロン放射という名は,それが最初に観測された加速器であるシンクロトロンに由来する.放射光は,電子ストレージリングの偏向部で発生する光と,ストレージリングの直線部に設置するアンジュレータやウイグラーなどの挿入光源で発生する光に大別される.これらの放射光は,電子の運動や軌道が異なるので,それぞれ性質の異なる特徴ある光である.ここでは,偏向磁石で発生する光をシンクロトロン放射,アンジュレータで発生する光をアンジュレータ放射と呼び,これらについて説明する.

a. シンクロトロン放射

　シンクロトロン放射は,一様磁場(場所により強度や方向が変わらない磁場)中で円運動をする高エネルギー電子から放射される.円運動をする電子の

1.2 広い分野で活躍する放射光と自由電子レーザー

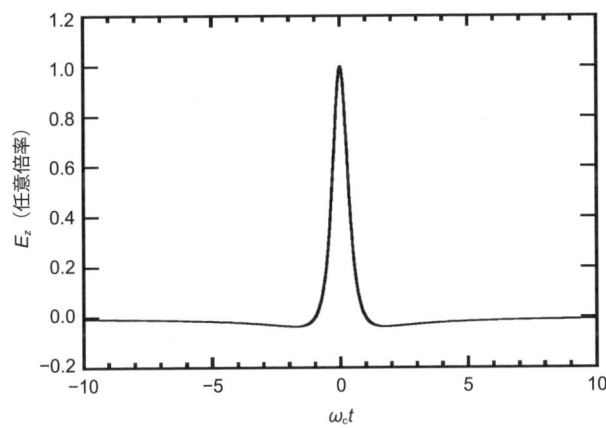

図1.2.2 シンクロトロン放射電場の時間構造

運動方向は軌道の接線方向になるので，シンクロトロン放射は，円運動の接線方向を中心として$1/\gamma$の角度範囲に放射される．光の電場は，図1.2.2に示すようにガウス分布に近い形状のパルス的時間構造をもつ．光は静電場の成分をもたないので幅が広い逆方向のパルス電場がこれに重なり，電場の積分値が0になる．電子が描く円軌道の半径をρとすると，放射した光の角度広がりが$1/\gamma$であるので遠方の観測者が見ることができる電子の軌道長は$\pm\rho/\gamma$の範囲である．電子の速さを光速とすると，観測者に対して電子が光を放射する時間は$2\rho/c\gamma$となる．エネルギーγの電子が放射した光パルスを前方で観測すると，そのパルス幅は$1/2\gamma^2$倍短い$\rho/c\gamma^3$となり，そのピーク電場は$2\gamma^2$倍高くなる．電場の2乗に比例する放射パワーは$4\gamma^4$倍と高い．シンクロトロン放射は，円運動をする高エネルギー電子が特殊相対論の効果により発生する，強度が高く極端に短い光パルスである．SPring-8の偏向磁石内の軌道半径は$\rho=39.3\,\mathrm{m}$，エネルギーは$\gamma=15600$であり，光のパルス幅は，約3.4×10^{-20}秒（34ゼプト秒）である．

パルスの時間スペクトルをフーリエ変換で周波数空間に移すことにより周波数スペクトルが得られる．パルスの形状がガウス分布をもつ場合，フーリエ変換により時間幅と周波数幅の関係は$\Delta t\times\Delta\omega=1$で与えられる．短い時間幅をもつ光パルスは時間幅の逆数程度の高い周波数成分までをもつので，シンクロトロン放射は，低いエネルギーから高いエネルギーに至る広いエネルギー範囲

で連続スペクトルをもつ．シンクロトロン放射の波長スペクトルを特徴付ける臨界光子エネルギー（critical photon energy）は

$$\varepsilon_c = \hbar\omega_c = \frac{3}{2}\frac{\hbar\gamma^3 c}{\rho} \cong 2.22\times\frac{E^3[\text{GeV}]}{\rho[\text{m}]}\ [\text{keV}] \quad (1.2.3)$$

で与えられる．図 1.2.2 の横軸に現れる ω_c は，式 (1.2.3) の $\varepsilon_c = \hbar\omega_c$ で定義され，パルス電場は $\omega_c t = \pm 1$ で 0 を横切る．横軸は，$1/\omega_c$ を単位に測った時間であるので，パルス幅を臨界時間 $t_c = 1/\omega_c$ と呼ぶこともできる．実験的には，単一パルスの電場を分光器で一定間隔のパルス列に変換した後，適当な波長フィルターを用いて単色光として使用する．パルス間隔が光の波長に等しく，パルス幅程度までの波長の光，すなわち臨界光子エネルギー程度までの光を利用できる．

　電子が周回する軌道面内で観測するとシンクロトロン放射の輝度を表すエネルギースペクトルは

$$\left.\frac{d^2\Im_B(\varepsilon)}{d\xi\,d\phi}\right|_{\phi=0} \cong 1.327\times 10^{13} E^2[\text{GeV}]\, I\,[\text{A}]\, H_2\!\left(\frac{\varepsilon}{\varepsilon_c}\right)$$

$$(\text{photons/s/mrad}^2/(0.1\%\ \text{bandwidth})) \quad (1.2.4)$$

で与えられる[1]．ここで ξ は接線方向を中心とする軌道面内（水平方向）の角度，ϕ はそれと直交する鉛直方向の角度，I はビーム電流，$H_2(\varepsilon/\varepsilon_c)$ は，電子軌道面で観測するシンクロトロン放射の輝度（水平・鉛直方向の単位角度あたりの光子数）を表す関数である．ここで用いる輝度の単位は，水平と鉛直方向ともに 1 mrad の範囲で，相対的光子エネルギー $\Delta\varepsilon/\varepsilon = 0.1\%$ の範囲に毎秒放射される光子数である．光子エネルギーを臨界光子エネルギーを単位に表すと，図 1.2.3 に示す H_2 は電子エネルギーや軌道の曲率半径によらない万能関数である．その形状は図 1.2.2 に示すパルス波形をフーリエ変換しパワーに変換したものである．低エネルギー側から徐々に増大して，臨界光子エネルギー付近で 1 を少し超える最大値に達し，それ以上のエネルギーでは急速に低下する．光子エネルギーの関数として表す輝度は，水平方向角度 ξ 依存性はない．鉛直方向の角度分布は，臨界光子エネルギー付近では $1/\gamma$ 程度であるが，光エネルギーが低い部分の角度広がりは大きい．これは，鉛直方向の観測角度が大きくなると，観測者方向の電子速度が低下して，遅延時間の式よりシンクロト

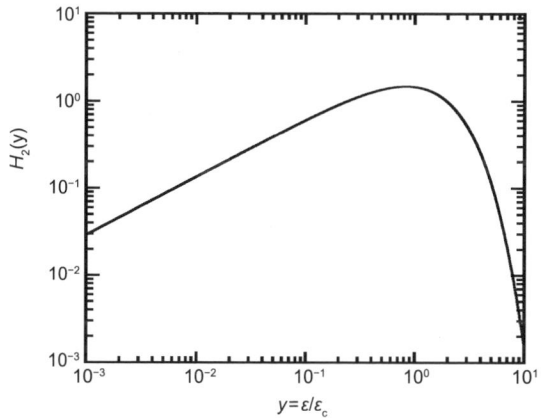

図 1.2.3 シンクロトロン放射の輝度万能関数

ロン放射のパルス幅が増加することが原因である．シンクロトロン放射の特徴の一つは，偏光特性である．一般に，電場の方向は電子の加速度方向に一致する．シンクロトロン放射では，電子の加速度が電子ビームの軌道面内で回転するため，軌道面 ($\phi=0$) 方向では，電場の向きが水平方向にある直線偏光であり，軌道面を外れて放射される ($\phi \neq 0$) 場合は，一般に楕円偏光，軌道面を大きく離れると強度は弱いがほぼ円偏光になる．楕円偏光の向きは，観測者が見る電子の回転方向であり上側と下側では左右の回転方向が逆である．

b．アンジュレータ放射

放射光を用いる研究の高度化に伴い，波長特性や，輝度，強度，偏光特性など放射光に対する要求も多種多様になった．電子ストレージリングの運転に不可欠な偏向磁石を光源とするシンクロトロン放射では，ビームラインごとに異なるこれらの要求に対し個別に答えることはできない．この問題に対する解答が，ストレージリングの直線部に設置して磁場強度とその分布を独立に設定できる挿入光源である．代表的な挿入光源はアンジュレータ（undulator）で，周期長が数 cm と短い周期の磁石を多数（数十から 100 周期以上）並べて準単色光を発生する装置である．アンジュレータは，放射光の輝度を格段に高めることができるので，第 2 世代放射光源で主な光源として使われてきた偏向磁石からのシンクロトロン放射に代わり，高輝度光源と呼ばれる第 3 世代放射光源

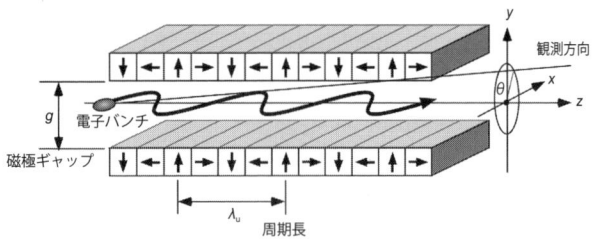

図 1.2.4　アンジュレータの模式図

の主要装置として広く用いられている.

　アンジュレータは,強い磁場を発生する永久磁石を用いてビーム軸方向にサイン関数状に変化する磁場を発生する装置である.アンジュレータには多くの種類があるが,もっとも簡単な磁石構造をもつ平面型アンジュレータを例にしてアンジュレータ本体とアンジュレータ放射を説明する.一般的な平面型アンジュレータは上下 2 列の磁石列をもつ.図 1.2.4 にハルバッハ(Halbach)型と呼ばれる永久磁石のみで磁気回路が構成されるアンジュレータの構造を模式的に示す.アンジュレータ磁石 1 周期の上下それぞれは 4 個の永久磁石ブロックで構成される.このような磁気回路で上下の磁石列の中間面では,対称性により磁束は面に直交し,ビーム軸に沿ってサイン形に変化する.中間面の磁束密度は,磁極ギャップ g と呼ばれる上下 2 列の磁石間隔を変えると指数関数的に変化する.

$$B(g) \propto \exp\left(-\frac{\pi g}{\lambda_\mathrm{u}}\right) \tag{1.2.5}$$

λ_u はアンジュレータの周期長である.この中間面を電子ストレージリングの軌道面に一致させアンジュレータを設置する.高エネルギー電子がアンジュレータを通過すると,磁場と直交する面内,すなわち電子の軌道面内で磁場と同じサイン関数で横方向に振動する.電子の軌道は

$$x(t) \cong \frac{\lambda_\mathrm{u}}{2\pi}\frac{K}{\gamma}\sin(\omega_0 t), \quad z(t) \cong c\beta^* t - \frac{\lambda_\mathrm{u}}{16\pi}\left(\frac{K}{\gamma}\right)^2 \sin(2\omega_0 t) \tag{1.2.6}$$

で与えられる.ここで $\omega_0 = 2\pi c\beta^*/\lambda_\mathrm{u}$ は電子の横方向の振動の角振動数で

$$\beta^* \cong 1 - \frac{1}{2\gamma^2}\left(1 + \frac{K^2}{2}\right) \tag{1.2.7}$$

は電子ビーム軸方向の平均速度，$K \cong 93.4 \times B_0 [\mathrm{T}] \lambda_\mathrm{u}[\mathrm{m}]$ は K 値と呼ばれるアンジュレータの動作を示す指数で，$\phi = K/\gamma$ はアンジュレータ磁場による軌道の最大偏向角である．K を $K = \phi/(1/\gamma)$ と書くと K 値は相対論的電子が放射する光の角度幅を単位にして表す電子軌道の最大偏向角である．平面型アンジュレータでは，電子は横方向に角振動数 ω_0 で振動する一方，縦方向には $2\omega_0$ で振動する．平均速度 $c\beta^*$ の静止系で電子を見ると8の字運動をする．アンジュレータの周期数を N とすると平均速度 β^* で運動する電子は波長 $\lambda' = \lambda_\mathrm{u}$ で波数が N, パルス幅 $\Delta t' = N\lambda_\mathrm{u}/c$ の電磁波を放射する．この電磁波を前方で観測すると時間幅は，

$$\Delta t = (1-\beta^*)\Delta t' = \frac{1}{2\gamma^2}\left(1+\frac{K^2}{2}\right)\Delta t' = \frac{N\lambda_\mathrm{u}}{2c\gamma^2}\left(1+\frac{K^2}{2}\right) \quad (1.2.8)$$

と短くなる．波長に変換すると

$$\lambda = \frac{\lambda_\mathrm{u}}{2\gamma^2}\left(1+\frac{K^2}{2}\right) \quad (1.2.9)$$

となる．これがアンジュレータ放射のピーク波長であり，K 値，すなわち電子エネルギーや磁場を変えることによりこの波長を変えることができる．K 値が1程度のときには，電子ビームの偏向角が $1/\gamma$ 程度であるので前方の観測者は振動する電子が放射する光を常に見ることができる．したがって電場はサイン関数で変化し，アンジュレータの基本波のみが放射される．K 値が大きくなると偏向角が大きくなり電子が放射する光の一部を前方で見ることができなくなる．するとサイン波状の電場のピークが先鋭化して高次高調波成分を含むようになる．K 値が大きい場合には，このようにして横方向の振動により奇数次の高調波が発生する．一方，基本波の2倍の振動数をもつ縦方向の振動は，ビーム軸上でその加速度運動を見ることができないため，前方では偶数次の高次高調波は現れない．しかし，ビーム軸を少し外すと強い偶数次の高調波が現れる．ビーム軸に対する観測角が θ の場合を含め基本波と n 次の高次高調波のピーク波長は

$$\lambda_n(\theta) = \frac{\lambda_\mathrm{u}}{2n\gamma^2}\left(1+\frac{K^2}{2}+(\gamma\theta)^2\right) \quad (1.2.10)$$

で与えられる．これらのピークの幅は，式（1.2.8）で得られる光パルスの時

間幅と式 (1.2.10) のピーク波長から求めることができる．関係式 $\Delta\omega = 1/\Delta t$ と高次高調波まで拡張したピーク周波数の関係式より $\Delta\lambda/\lambda_n = 1/2\pi nN$ となる．K 値が 10 よりも十分大きい場合には基本波のエネルギーが下がり高い次数の高次高調波が発生するため，光のエネルギースペクトルはシンクロトロン放射と似た連続スペクトルをもつようになる．このような動作領域の挿入光源はウィグラー (wiggler) と呼ばれる．

平面型アンジュレータの輝度は

$$\left.\frac{d^2\mathfrak{S}_n}{d\xi d\psi}\right|_0 \cong 1.744 \times 10^{14} N^2 E^2 \,[\text{GeV}]\, I\,[\text{A}]\, F_n(K)$$

$$(\text{photons/s/mrad}^2/(0.1\% \text{ bandwidth})) \quad (1.2.11)$$

で与えられる．アンジュレータの輝度を表す汎用関数 $F_n(K)$ に関しては文献 1) を参照のこと．F_n の最大値を与える K 値は次数により異なるが，F_n^{max} は 0.4〜0.5 程度である．式 (1.2.4) で与えられるシンクロトロン放射の輝度と比べると，大きな違いは N^2 の因子である．アンジュレータ周期数 N は 30〜100 程度が普通であるので，アンジュレータ放射はシンクロトロン放射と比べて 3 桁から 4 桁高い輝度をもつ．

アンジュレータ放射の重要な特徴の一つは偏光特性である．前述の平面型アンジュレータでは電子の加速方向が平面内にあるため輝度の高い直線偏光 (linear polarization) の光を得ることができる．一方，偏向磁石からのシンクロトロン放射では得ることが難しい輝度の高い円偏光 (circular polarization) をもつ光は，ヘリカル・アンジュレータ (helical undulator) で得ることができる．原理的には，平面型アンジュレータ 2 台を磁場が直交するように組み合わせてサイン形の磁場の位相を 90°ずらすと，中心部を通る電子はらせん運動をする．これをビーム軸方向に相対論的速度で運動する電子の静止系で見ると電子はビーム軸に直交する面内で非相対論的速度で円運動をする．この電子が放射する光を前方で観測すると円偏光をしたアンジュレータ放射が得られる．このようなヘリカル・アンジュレータの発明により円偏光を用いた放射光科学の研究が進展した．

日本の放射光施設は，軟 X 線領域で分子科学研究所の UVSOR (0.75 GeV)，あいちシンクロトロン光研究センターの AichiSR (1.2 GeV)，立命館

大学の AURORA（0.58 GeV），兵庫県立大学の New SUBARU（1.5 GeV），広島大学の HiSOR（0.8 GeV），九州シンクロトロン光研究センターの SAGA-LS（1.4 GeV）などがあり，X 線領域では高エネルギー加速器研究機構の Photon Factory（2.5 GeV）と AR（6.5 GeV）や理化学研究所・高輝度光科学研究センターの SPring-8（8 GeV）がある．

1.2.4　自由電子レーザー

　自由電子レーザーは，放射光とレーザーの性質を併せもつ新しい光源である．発生する光は本質的に通常のレーザーと同じであるが，発生装置は放射光で用いられる電子加速器である．図 1.2.5 に FEL を模式的に示す．FEL は，電子線形加速器やストレージリングなどの電子加速器とアンジュレータ，光共振器より構成される．自由電子レーザーの名称は，通常のレーザーが気体や固体を構成する原子や分子に束縛された電子をレーザー媒質に用いるのに対し，自由電子レーザーは高エネルギー電子ビーム，すなわち物質に束縛されていない「自由な電子」をレーザー媒質に用いることに由来する．もう一つの違いは，通常のレーザーが量子力学を動作原理としているのに対し，自由電子レーザーは古典力学と電磁気学に基づく．

　通常のレーザーと比較して FEL の原理的特長は（1）動作波長領域を選ばない，（2）波長が連続可変，（3）高出力，（4）高効率，の4項目を挙げることができる．

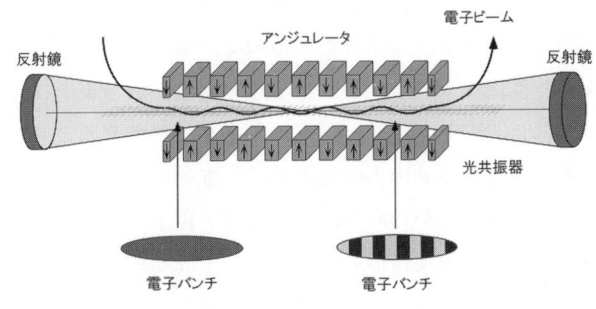

図 1.2.5　自由電子レーザーの模式図

a. 基礎理論

アンジュレータ放射は，周期数 N に等しい波数をもつ単一波長の電磁波であることを述べた．式（1.2.7）に示すアンジュレータ内の電子の平均速度 β^* より，アンジュレータ内の電子は1周期長 λ_u を進むとき，アンジュレータ放射の1波長分だけ遅れることを示すことができる．すなわち，電子はアンジュレータ内で横方向に1回振動するとその前方に光を1波数紡ぎ出し，N 周期のアンジュレータを通過すると N 波数の光を放射する．アンジュレータ放射やシンクロトロン放射は単一の電子が光を放射する現象であるのに対し，自由電子レーザーは，多数の電子がコヒーレント光の電場中で協調的に作用して光を増幅する過程である．光のパワーは電場の2乗に比例するので，外部に電場 E をもつコヒーレント光が存在するもと，n 個の電子が独立にそれぞれ電場 e_i をもつ光を放射するときのパワー P は，

$$P \propto \left(E + \sum_{i=1}^{n} e_i\right)^2 = E^2 + 2E\sum_{i=1}^{n} e_i + \left(\sum_{i=1}^{n} e_i\right)^2 \qquad (1.2.12)$$

で与えられる．右辺第1項は入射コヒーレント光パワーであり，第2項は外部コヒーレント光の電場に比例した誘導放射・誘導吸収のパワーを表し，第3項は自発放射のパワーである．自由電子レーザーでは，アンジュレータ放射を自発放射過程とする誘導放射により光パワーを増幅する．

FELの動作原理を定性的に述べる．光は横波であり，電場は光の伝播方向に直交する．そのため自由空間を伝播する光は，並進する高エネルギー電子ビームと相互作用できない．しかし，アンジュレータ内で電子ビームが蛇行運動すると横方向の速度成分をもつので，個々の電子はコヒーレント光とエネルギーのやりとりをし，光の位相に依存して電子が加速または減速する．多数の電子は光の位相に対してランダムに分布するので，電子ビームは，光の波長で周期的なエネルギー変調を受ける．しかし加速と減速される電子は同数なので，この段階では全体として光と電子ビームにエネルギーのやりとりはない．アンジュレータを進むエネルギーの高い電子の蛇行運動の振幅は小さく，エネルギーの低い電子の振幅は大きいので，高エネルギー電子のビーム軸方向の速度は高く低エネルギー電子の速度は低い．光の波長で周期的なエネルギー変調を受けた電子ビームは，アンジュレータの磁場内を進むうちに，加速位相にある高

エネルギー電子群は，前を行く減速位相にある低エネルギー電子群に追い付くために，電子のエネルギー変調が密度変調に変換される．最後に密度の高い部分が光を増幅する一方，低い部分が光を減衰すると，全体として光を増幅することができる．

FEL は，アンジュレータ内で電子ビームが放射するインコヒーレントなアンジュレータ放射を種光にして，後続の電子バンチが光共振器に蓄積された光を繰返し増幅することにより発振に至る．安定な発振が始まると FEL パワーは指数関数的に増大する．電子ライナックを用いた FEL では常に新しい電子バンチが光を増幅するが，光のパワーが大きくなると誘導放射により電子バンチが失うエネルギーが大きくなるとともにそのエネルギー広がりが増大する．FEL 増幅が可能な電子エネルギーの範囲 $\Delta E/E$ は，アンジュレータ周期 N の逆数 $\Delta E/E \sim 1/N$ であるので，FEL 増幅後の電子の相対エネルギー幅がこの制限に近付くと FEL 増幅率が徐々に低下し，最終的には FEL 増幅率が光共振器損失に等しくなるとパワーの発展が止まり FEL がパワー飽和に達する．

FEL の動作領域は，増幅率が低い場合と高い場合，増幅する光が弱い場合と強い場合の4通りに分類できる．低増幅率とは，1回増幅後の光パワーの増加分が入射パワーに比べると無視できるほど小さい動作領域であり，理論的な取り扱いが容易であるため高増幅率と区別される．増幅率は加速器の性能やアンジュレータの特性などにより異なるため，FEL 個別に定義される動作領域の違いである．他方，光強度の大小の違いは，パワー飽和の影響が無視できる小信号領域と，飽和の影響が大きい大信号領域での FEL 動作を区別するもので，同一の FEL での動作状態の違いである．

低増幅率かつ小信号の領域では FEL 増幅率を与えるメイディー（Madey）の定理がある．その定理によると FEL 増幅率は，前方に放射される自発放射の周波数スペクトルの微分に比例する．図 1.2.6 にディチューニング・パラメータ $\nu = 2\pi N(\omega_0 - \omega)/\omega_0$ と呼ばれる規格化した角周波数の関数で表した自発放射と FEL 増幅率の関係を示す．両者ともに縦軸は任意であり絶対値を表すものではない．FEL では高い増幅率をもつ周波数の発振が最後まで生き残るので，発振波長はアンジュレータ放射のピーク波長とはわずかに異なり，周波数では低い側，波長では長い側で発振する．

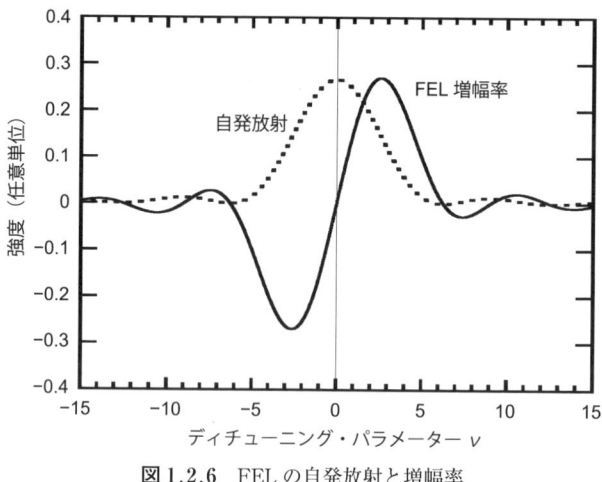

図1.2.6 FELの自発放射と増幅率

　FELで得られる最大パワーは，増幅のたびに新しい電子バンチを用いるライナックFELでは$P_{FEL}\lesssim P_{beam}/2N$，FEL増幅に同じ電子バンチを何度も使うストレージリングFELでは$P_{FEL}\lesssim P_{SR}/2N$である．ここで$P_{beam}=E\times I$は電子ビームのパワー，$P_{SR}$は電子ビームがシンクロトロン放射により失うパワーである．光共振器からの取り出し効率などを含めると実験に利用できるFELパワーはこれより1桁以上低下する．

　国内の光共振器を用いた通常のFEL施設は，電子ストレージリングを用いた可視・紫外領域で分子科学研究所UVSORと，赤外・可視・紫外領域で産業技術総合研究所NIJI-IVがあり，電子ライナックを用いた近赤外領域で大阪大学自由電子レーザー研究施設，東京理科大学自由電子レーザー研究センター，日本大学量子科学研究所電子線利用施設，京都大学エネルギー理工学研究所のFELがあり，遠赤外・THz波領域では大阪大学産業科学研究所のFELが稼働中である．

b．単一通過型自由電子レーザー

　SASE（Self-Amplified Spontaneous Emission）は，大強度コヒーレント光を発生する自由電子レーザーの一種である．SASEを直訳すると「自己増幅した自発放射」であるが，実態は，通常のFELと同様にアンジュレータ放射を

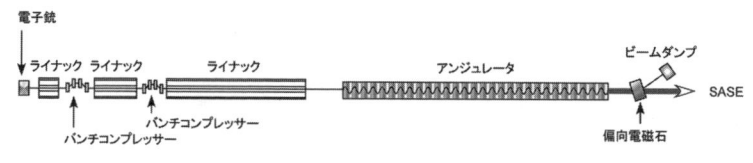

図 1.2.7 SASE 型自由電子レーザーの模式図

種光として，光共振器を用いずに高い増幅率をもつ FEL 増幅器で一気に飽和に達する高いパワーレベルまで増幅する装置である．光共振器あるいは反射鏡を使用しないので，従来型の FEL で不可能であった，真空紫外から軟 X 線，X 線領域の動作が可能であり，第 4 世代放射光源として注目され，X 線用大型施設が稼働を始めた．

X 線 SASE 装置の模式図を図 1.2.7 に示す．SASE は，電子ライナックとアンジュレータのみからなる単純な構造をもつ．しかしながら波長 0.1 nm 程度の X 線 FEL を実現するためには，電子ライナックのエネルギーは 8〜10 GeV が必要である．他方，このような高い電子エネルギーで低下する FEL 増幅率を補うために，輝度が高い電子銃を用いるとともに磁気バンチ圧縮と呼ばれる手法で電子バンチを進行方向に圧縮してピーク電流を 1 kA 以上に高める．この高輝度大電流電子ビームを全長が 100 m を超えるアンジュレータに導き大強度・コヒーレント X 線を発生する．

SASE は，多数の電子とコヒーレント光からなる複雑な系である．図 1.2.8 に SASE のパワー発展をアンジュレータの周期数の関数として示す．SASE の動作領域は 3 段階に分類できる．アンジュレータ入口部では，電子ビームはアンジュレータ放射を発生して，その強度は通過するウィグラー周期数とともに増大する．これを不活発領域と呼ぶ．やがて光波長での電子ビームのマイクロバンチング化が進むに従い，SASE パワーが指数関数的に増大する，指数関数的増幅領域に入る．この機構を具体的にいうと，電子が受けるエネルギー変調は，コヒーレント光の電場に比例する．アンジュレータ中を進むにつれてエネルギー変調が密度変調に変換された電子ビームは，コヒーレント光の電場に比例して誘導放射をする．光の増幅は両者の積，すなわち光パワーに比例するので，SASE は指数関数的に増大する．

$$\frac{dP_{SASE}}{dz} = kP_{SASE} \qquad \therefore P_{SASE}(z) = P_0 \exp(kz) \qquad (1.2.13)$$

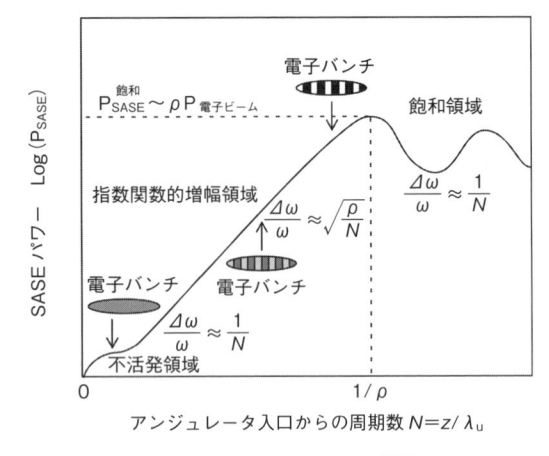

図 1.2.8 SASE のパワー発展

電子ビームのマイクロバンチング化と，誘導放射によるコヒーレント光の増幅が協調的に作用して指数関数的に光を増幅するのが SASE の動作原理である．コヒーレント光のパワーが高くなり誘導放射による電子ビームのエネルギー広がりが増大したり，電子ビームエネルギーが低下することにより SASE パワーの増大が停止して飽和領域に達する．前者は，電子ビームのエネルギー広がりがコヒーレント光によるエネルギー変調より大きくなるとマイクロバンチング化が進まずに SASE の増幅が停止する現象であり，後者は電子ビームの平均エネルギーが下がることにより誘導放射から誘導吸収へ動作状態が変わる現象である．

現在稼働中の SASE は，軟 X 線領域でドイツの FLASH（13～50 nm）と理化学研究所の SCSS（50 nm）であり，X 線では米国の LCLS（0.15～1.5 nm, 平成 2009 年 4 月に発振）と SPring-8 の SACLA（>0.056 nm, 2011 年 6 月に発振）がある．世界各地で X 線や軟 X 線 SASE が数多く建設中である．

［磯山悟朗］

参考文献

1) Section 2 "Synchrotron Radiation" in *X-Ray Data Booklet*, Center for X-ray Optics, http://cxro.lbl.gov/x-ray-data-booklet

1.3 未来を拓く超高強度レーザー

1.3.1 はじめに

　レーザーは1960年の最初の発振[1]以来多くの進歩を果たしており，20世紀最大の科学技術的な発明といわれているが，この人工の光はそれまでの自然光では考えられない数多くの特徴をもっている．この特徴には集光性，干渉性，単色性などがあり，レーザー光は強力なパワーと微細な集光性を兼ね備えた非常に有用なツールとして学術・産業の世界で幅広く使用されている．重工業における厚板鋼板の加工から，現代の情報社会に不可欠な光通信などもレーザーがあるから可能となっている．その意味では，現代社会を支える基盤技術になっているといえる．もう一方でレーザー光はこれまで考えられなかった短い時間領域の光を発生させられるため，超短パルスレーザーによる高速計測や新物質の創成，真空崩壊を目指す極限状態の実現など科学研究の分野でも，最先端の研究を遂行するための道具として必須の存在となっている．これらのレーザー装置は，いくつかの要素技術から構成されており，本節ではこの要素レーザー技術について紹介したい．高強度レーザー技術をすべて網羅することはできないので，とくに大型高強度レーザー装置の基礎技術についていくつかのトピックスを紹介したい．

1.3.2 高強度レーザー

　レーザーは誘導放出によって光を増幅するという原理を使用しているため，非常に強力なレーザー光を発生させることが可能である．この強度の上限は，

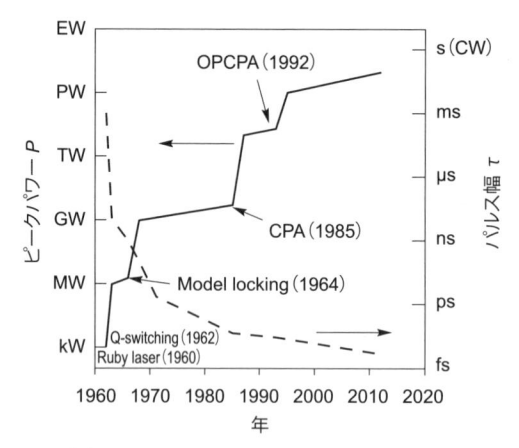

図 1.3.1 超短パルスレーザーのピークパワーとパルス幅の推移

そのレーザーに用いられる物質が光によって破壊されるしきい値（レーザー損傷しきい値：単位面積あたりのエネルギー J/cm^2）で決まる．レーザー光のパルス幅が短いとこのしきい値が低くなることから，大きなエネルギーを出すためには長いパルス幅を用いる必要がある．次項で述べる超短パルスレーザーではこの原理のために特別の工夫をしているが，非常に大きいエネルギーを要する核融合実験用のレーザー装置などには，ナノ（10^{-9}）秒のパルスが用いられている．また，レーザー出力エネルギーを上げるためには，レーザー装置の口径を大きくし，ビーム数を多くすることが必要である．そのため，米国のローレンスリバモア国立研究所やフランス原子力省の核融合レーザー装置では 40×40 cm の大口径のビームが 192～240 本用いられており，非常に大型のレーザーとなっている．

一方，高強度のレーザー光を得るためには，出力エネルギーを大きくする方法だけではなく，そのパルス幅を短くすることでピークパワーを大きくする方法がある．この方式では短いパルス幅のレーザー光を増幅したときに増幅器内で生じるレーザー損傷を避けるために，まず種になる短パルスのレーザー光のパルス幅をパルス伸長器で時間的に延ばし，長パルスにした上で増幅し，その後に再びパルス幅を短くする方式が採用されている[2]．この方式は CPA (Chirped Pulse Amplification) 方式と呼ばれており，世界各地で開発された超

短パルスレーザーに採用されている[3]．この CPA 方式の発明により，レーザー光のピークパワーは一気に向上し，非常に多くの応用が発展しつつある．レーザー光のピークパワーとパルス幅の関係を図 1.3.1 に示す．CPA の採用により大幅にピーク出力が向上していることが示されている．

次項以降でこの CPA 技術を中心にいくつかのトピックスについて紹介する．

1.3.3　超短パルスレーザーの構成

CPA 方式のレーザー装置では発振器，パルス伸長器，増幅器，パルス圧縮器を組み合わせて高いエネルギーをもった超短パルスを発生させている．典型的な超短パルスレーザーの構成を図 1.3.2 に示す．この構成要素にはその出力レベルに応じて多数のバリエーションがあるが，基本はモードロック発振器（レーザーの増幅媒質のスペクトル幅を広くし，その各波長の光の位相をそろえることで時間的に短いパルスを発生させる装置）で数十フェムト秒のパルスを発生させ，パルス幅伸長器でピコ（10^{-12}）秒からナノ（10^{-9}）秒まで延ばして増幅器で増幅する．パルス伸長器では，回折格子対（反射鏡の表面などに規則的な溝を形成し，この溝で散乱された光の干渉を用いて光の方向を分ける素子）などの分散素子を用い，超短パルスのレーザー光が含む広い範囲の波長成分に時間差をつけることでパルス幅を延ばしている．この後の増幅には 10 kJ の出力をもつ大型の増幅器が使用される場合もあるが，多くは mJ レベルの超短パルスレーザーが使用される．増幅されたレーザー光は最終段階で伸長

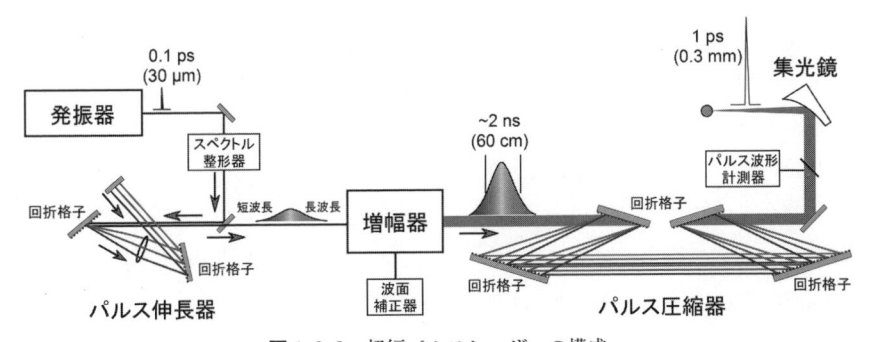

図 1.3.2　超短パルスレーザーの構成

器の逆機能（逆の分散）をもつ回折格子などでパルス圧縮され，反射型の集光鏡などでターゲットに絞り込まれる．このパルス圧縮器ではレーザー光による損傷を避けるために大口径の回折格子などが使用され，装置が大規模になる場合がある．小型の装置でもこのパルス圧縮から後は空気の波長分散（波長によって屈折率が異なる）や非線形光学効果（ピークパワーによって屈折率が変わる）を防ぐため，真空容器の中に納める必要があり，それなりに規模の大きなものになる．

　このようにして構成された超短パルスレーザー装置では，圧縮パルス幅が最短となるようにパルス伸長器とパルス圧縮器の調整が必要である．このパルス波形の計測も従来のナノ秒領域のように実時間で行う方法がないため，非線形光学効果を使用した波形計測器が必要となってくる．もっとも基本となるのは，2分割したレーザー光に角度を付けて非線形光学結晶に入射し，その重なった部分で発生する二倍高調波（周波数が倍になった光）の空間分布を計測したり，2ビームに時間差をつけて非線形光学結晶に同軸入射し，時間差を変化させたときの二倍高調波強度の変化を計測することでパルス波形を計測する相関計測法である．

　上に述べたような方法により，超短パルス光を発生させることで超高強度場の発生や非線形現象，高次高調波の発生，透明物質の内部加工などが可能となっている．以下にそのための要素技術を紹介する．

1.3.4　超短パルスレーザーの要素技術

a．超短パルス発振器

　現在，短パルス発振器の主流は Yb 添加ファイバーレーザーとなっており，フォトニッククリスタルファイバーやフォトニックバンドギャップファイバーなどの特殊ファイバーを用いた広帯域増幅器が非常に制御性のよいレーザー光を供給している[4,5]．Yb ファイバーの利得帯域は 100 nm 以上あり，数十フェムト秒パルスの発生が可能である．とくにファイバー内の非線形効果を利用した偏波回転法では，最短パルス幅 20 fs が得られている[6]．

b. パルス幅伸長器

発振器から得られた短いパルス幅の光ではその後の増幅に適さないため，回折格子対などを用いて，各々の波長に対して特定の遅れ時間を与えて再び平行光束としてレーザー増幅器に送り込むことでパルス幅伸長が行われている．このパルス幅伸長器内に位相変調器を挿入し，増幅後に圧縮したときに任意の波形を得ることができる方式が開発されている．

c. 増幅器

活性媒質を用いるレーザー光の増幅器では，レーザー光の強度を十分に上げるまで増幅するとその利得の波長依存性が累乗で積算されるため，強い狭帯域化が生じて短いパルス幅が得られない．このため，増幅の帯域幅が広い光パラメトリック増幅（Optical Parametric Amplification, OPA）が多く使用される．CPA方式と組み合わされることから，OPCPA方式と呼ばれている[7]．パラメトリック増幅では増幅媒体は非線形光学結晶であり，この結晶に励起光を入射し，そのエネルギーを非線形光学現象により信号光に移すことにより高い増幅率が得られている．実際の装置では何段かのOPCPA増幅器を用いている．また，高い出力エネルギーを有する大型レーザー装置（大阪大学のLFEXレーザー装置[3,8]など）では，狭帯域化を避けるために複数段のOPCPAを用いた後，大口径のガラス増幅器で出力エネルギーを増大させている[7]．また，このような大型装置ではターゲットから反射してくるレーザー光は装置内を逆進すると非常に危険であることから，経路の途中にアイソレーター（逆進光防止装置）やスイッチング光学素子（ポッケルスセル）を挿入する必要がある．LFEX装置では大口径の超伝導マグネットを用いたファラデー回転子を挿入している．

d. パルス圧縮器

CPA方式ではパルス伸長して増幅されたレーザー光をもとのパルス幅に圧縮してターゲットに照射する必要があるため，増幅後にパルス圧縮器を用いている．基本的には4枚の回折格子を用い，平行光で入射したレーザー光を1枚目の回折格子で波長ごとの角度に回折させ，2枚目の回折格子で光を平行にし

て空間分散させ，3，4枚目の回折格子でこの空間分散を戻す過程で，波長ごとに伸長器で与えた時間差をキャンセルすることでパルス圧縮が行われる．高価な回折格子の使用数を減らすために，2枚の回折格子をダブルパスで使用することが多い．LFEX レーザー装置では高強度となるため，真空中で圧縮される．また，出力エネルギーが数 kJ と非常に大きいため，レーザー光によるミラーや回折格子の損傷を避ける必要があり，断面積が 37×37 cm のビームを用いて圧縮が行われる．圧縮に用いられる反射鏡や回折格子には小型レーザー装置では金蒸着が使われるが，高エネルギーになると金蒸着より 1 桁損傷耐力の高い誘電体ミラーと誘電体回折格子が使われる．このような誘電体ミラーや回折格子は，その帯域幅が金に対して大幅に狭いため，その帯域を広げることが重要な開発課題となっている．

e. **集光・照射系**

パルス圧縮されたレーザー光を集光するためには，透過光学系が使えないので反射鏡を用いて集光する必要がある．通常は金蒸着の軸外し放物面鏡が使用されるが，高エネルギーレーザー装置ではこれも誘電体鏡にする必要があり，大口径の誘電体放物面鏡が使用される．非常に高い強度を得る必要がある場合などには，ターゲットの付近に使い捨ての短焦点の反射鏡を置く場合がある．また，レーザー光に含まれるプレパルスやペデスタル光（メインのパルスに先駆けてターゲットに照射されるフットパルス）を遮蔽する目的で，プラズマミラー（強いレーザー光で発生した表面プラズマを反射鏡とする方式）なども使用される場合がある．

f. **パルス幅測定**

これまでに述べてきたように，CPA 方式ではパルス伸長して増幅したレーザー光をパルス圧縮で短パルスに戻すため，伸長器と圧縮器が一体として機能する必要があり，各々を関連させて調整する必要がある．出力される短パルス光のパルス幅を観測し，圧縮器や伸長器を調整する必要がある．このため，パルス幅計測は重要な要素となる．このパルス波形計測には主に高調波発生を利用した相関法が用いられている．この他，極短光パルスの振幅・位相情報を計

測する方法も提案されている．

　基本となる相関法では前述のように計測する光ビームを二つに分けて非線形結晶中で重ね合わせて高調波を発生させる．この方法では時間に対称な波形しか読み取れないため，分光計測を取り入れて波長分解の相関データから真のパルス波形を推定する方法や，2ビームの片方を二倍高調波変換して三倍高調波の相関波形を観測する方法などさまざまな改良が行われている．

1.3.5　高エネルギー超短パルスレーザー装置

　本項では大阪大学レーザーエネルギー学研究センターのLFEXレーザー装置を例として，高エネルギー短パルスレーザーでどのような要素技術が使われているかを紹介したい．LFEXレーザーはパルス幅1～10 psで出力エネルギーが4～10 kJのレーザー光を得ることを目指した4ビームのCPA装置である．図1.3.3に装置の構成図を示す．発振器として以前はフロロフォスフェートガラスを使用した半導体可飽和ミラー方式を用いていたが，最近ファイバー発振器に変更した．この発振器のレーザー光に対して，回折格子対と液晶変調

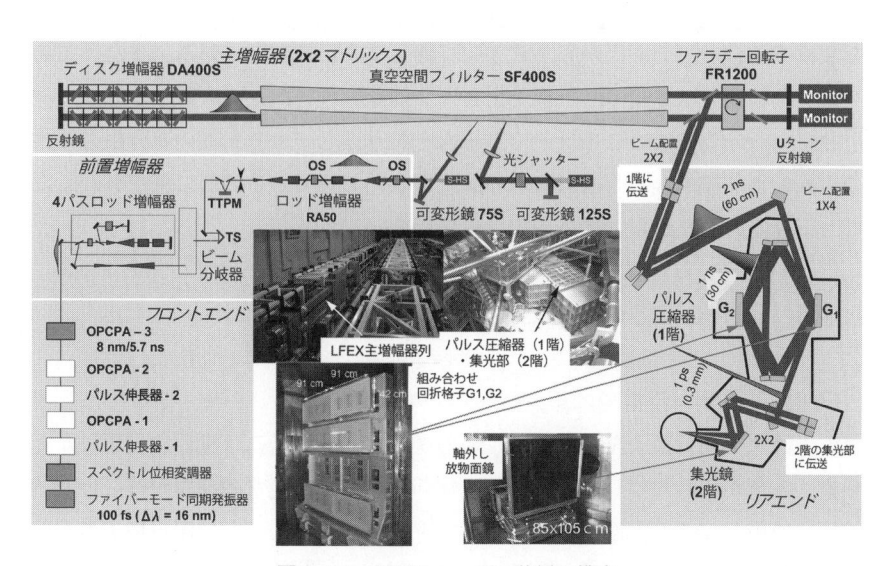

図1.3.3　LFEXレーザー装置の構成

器を組み合わせて波長ごとの位相を制御することにより任意のパルス波形を得られる設計となっている[9]．この位相制御の後，パルス伸長とOPCPAを3段に組み合わせてフロントエンドとしている．

前置増幅器列では1段の4パスロッド増幅器を置き，4本のビームに分岐した後でロッドガラス増幅器による増幅を行い，各ビームを最終空間フィルターの焦点近傍から入射し，2×2に配置した8段のディスク増幅器を2往復させることで最大3 kJの出力まで増幅することができる．レーザーガラスによる増幅を行うために，レーザー光のバンド幅は約3 nm（半値全幅）まで狭帯域化するが，ピコ秒への圧縮には十分である．

増幅器からの出力光を大型の偏光子を設けた世界最大のファラデー回転子で旋光させ，反射鏡で折り返して最初の偏光子で跳ねてパルス圧縮部に送っている．このファラデー回転子は磁場で旋光させているが，アイソレーションに必要な1.6 T（テスラ）の磁場を作るために，超伝導マグネットを使用している．

LFEXレーザー装置ではナノ秒からピコ秒にパルス幅を圧縮するため，1740本/mmの溝密度の誘電体回折格子を用いているが，ビームサイズが37×37 cmであるため，回折格子も42×180 cmのサイズが必要となっている．このサイズの光学素子は1枚では作成できないため，91 cmの長さの回折格子を2枚突き合わせてあたかも1枚として働くように調整している．また，このパルス圧縮器では2組の回折格子を各々2回左右両方向から入射する方式を採用している．このためにミラーでビームを折り返しており，このとき生じる像の回転により組み合わせ回折格子の溝密度誤差の影響が自動的に補償されるため，圧縮器の調整が非常に簡素化されている．

1.3.6　LFEXに用いられた要素光学素子技術

LFEXレーザー装置では超大型のパルス圧縮器が用いられ，そこには世界最大の誘電体回折格子を採用した．この誘電体回折格子には世界に先駆けた光学素子技術が使われている．この誘電体回折格子では通常の成膜が難しい石英基板を使用し，その表面にイオンアシスト成膜を行い，さらに回折格子の形成には世界ではじめての走査干渉露光法を採用した[10]．これらの光学素子製造

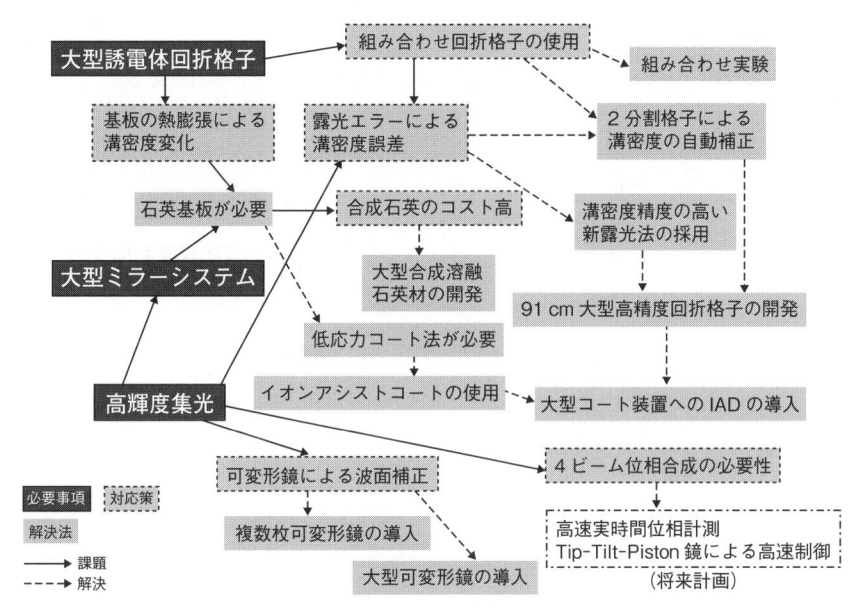

図 1.3.4 大型レーザー用光学素子技術の技術課題と解決策

に関わる技術課題とその解決策を図 1.3.4 にまとめる．主な技術的な課題について以下に述べる．

a．石 英 基 板

従来の電子ビーム蒸着法では，蒸着膜の付着性を上げるために成膜時の基板温度を 200～250℃ に上げる必要があり，熱膨張係数の小さい石英基板に成膜すると，室温に戻したときに膜だけが収縮して強い引っ張り応力が掛かり，蒸着面が応力で変形したり，膜にクレージングと呼ばれるクラックが入ったりすることが知られていた．しかし，今回の回折格子では基板の温度による伸び縮みで生じる溝密度の変化を避けるため，石英基板を採用した．このため，誘電体膜を形成しても大きな応力を生じないイオンアシスト蒸着を採用することになった．

b. イオンアシスト成膜

　上記の理由で石英基板にストレスの小さい成膜をする必要から，電子ビーム蒸着時に蒸着プルームにイオンビームを浴びせて低温で成膜できるイオンアシスト成膜法を採用した．従来のイオンアシスト成膜ではイオン源や中性化に使用される電子源から不純物が発生しやすく，膜のレーザー損傷耐力が大幅に低下するのが常識であった．そこで，イオン源や電子源として汚染の発生の少ないプラズマ電極を用いることで高い損傷耐力を維持する成膜方式を採用し，世界に先駆けて大型化した．

c. 走査干渉露光法

　従来の回折格子の形成には大口径の干渉露光ビームを用いた直接露光方式が使用されていたが，LFEXではより溝密度精度が高く，大口径化が可能な走査型干渉露光法を採用した．この露光法は米国のマサチューセッツ工科大学（MIT）で原理的な確認がされていたが，それを大型露光装置に仕上げて使用した．その結果，使用された回折格子では溝密度精度が 0.05 ppm と従来の 0.5 ppm より 1 桁改善しており，これまでにない高精度回折格子が完成した．

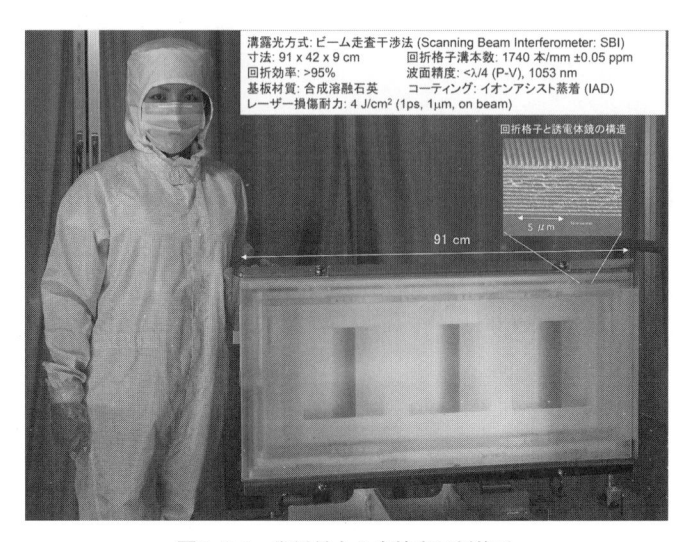

図 1.3.5　世界最大の高精度回折格子

これらの努力の結果，完成した91×42 cmの回折格子は世界最大のサイズでありながら，これまでより1桁高い溝密度精度をもち，イオンアシスト成膜を採用したことで高い損傷耐力を保持し，石英基板であるために温度による変化を受けにくくなっている．この回折格子の写真を図1.3.5に示す．この回折格子は日米のベンチャー企業が協力して製作しており，世界でもっとも進んだ性能をもっているため，各国の高エネルギー短パルスレーザー装置への導入が進んでいる．

d．波面補正技術

　特に大型レーザー装置では，使用される光学素子の波面精度を維持することが難しく，それなりの波面収差を含んでしまうため，精密にレーザー光を集光することが難しくなる．また，フラッシュランプを用いた主増幅器では，励起光による熱がエネルギーの蓄積段階で発生するため，レーザー光の増幅時に波面歪みをもってしまう．この波面収差を補正するため，ショット時に発生する波面歪みをあらかじめ測定しておき，ビームの途中に入れた可変形鏡の形状を補正して打ち消す方法がとられる[9]．このため，まず使用するビームの静的な波面歪みを計測し，補正した後にショット時に生じる波面歪みを重畳させて先行制御する方式を採用している．1日のうちにショットを重ねる場合にはショットごとの波面収差をあらかじめ計測しておき，その収差量を用いて補正している．

　また，パルス圧縮器などに用いられている光学素子の波面がよくないと，精密に集光できない．この波面歪みを上流にある小口径の可変形で補正しようとすると，ビーム口径の拡大率だけ小口径部分では大きな波面歪みになるため，上流部のビーム品質が劣化し，逆にレーザー損傷を誘発する可能性が生じる．このため後段部の大口径部にそのサイズに合った大型の可変形鏡を設置し，集光特性を改善する必要がある．しかし，大口径の可変形鏡は特別の工夫が必要であることから新規開発が必要である．現在，薄いミラーの裏側に大型のシート状のピエゾ素子を貼付けた世界最大（47×41 cm）のバイモルフ型可変形鏡の開発を進めている．

1.3.7 ま と め

　ここまで，LFEX レーザー装置を例として，短パルスレーザーに必要な要素光学素子について紹介してきた．

　本節では紹介できなかったが，LFEX レーザー装置では多くの新しい試みが含まれている．増幅で生じる狭帯域化を含めてパルス波形を整形するパルス波形整形器や 4 本のビーム合成などのこれまでにない試みに加え，建設中に見いだされた真空チェンバーの油汚染問題などの課題を調査，解決する過程で非常に多くの新しい知見を得ることができた．この経験は今後の短パルス・高エネルギーレーザーの開発に大いに役立つものと考えている．

［實野孝久・宮永憲明］

《LFEX レーザー装置運用・開発チーム》
発振器・増幅器担当：河仲準二，森尾　登，松尾悟志，川上雄平，河端宏治，平野達弥，藤村勇歩
パルス圧縮担当：時田茂樹，椿本孝治，澤井清信，辻　公一
集光・照射担当：中田芳樹，村上英利，川崎鉄次，石田正人，上田一輝，久保田善大
爆縮計測担当：白神宏之，藤岡慎介，重森啓介

参考文献
1) T. M. Maiman, *Nature*, **187**, 493 (1969).
2) D. Strickland and G. Mourou, *Opt. Commun.*, **56**, 219 (1985).
3) J. D. Zuegel *et al.*, *Fusion Sci. and Technol.*, **49**, 453 (2006).
4) J. A. Alvarez-Chavez *et al.*, *Opt. Lett.*, **25**, 37 (2000).
5) J. P. Koplow *et al.*, *Opt. Lett.*, **25**, 442 (2000).
6) T. Kurita *et al.*, *Opt. Lett.*, **37**, 3972 (2012).
7) A. Dubietis *et al.*, *Opt. Commun.*, **88**, 437 (1992).
8) N. Miyanaga *et al.*, *JOURNAL DE PHYSIQUE IV*, **133**, 81 (2006).
9) 末田敬一ほか，レーザー研究，**37**, 455 (2009).
10) 實野孝久，本越伸二，レーザ加工学会誌，**12**, 221 (2005).

2 社会に貢献する光の世界

2.1 省電力で光る——発光ダイオードと半導体レーザー

2.2 光ファイバー通信の長距離・高速化に向けて
　　——光信号再生技術

2.3 エネルギー問題解決のホープ——太陽電池

2.1

省電力で光る
――発光ダイオードと半導体レーザー

2.1.1 はじめに

　半導体による発光ダイオード（Light Emitting Diode, LED），半導体レーザー（Laser Diode, LD）は非常に小型（縦 0.3 mm，横 0.3 mm，高さ 0.1 mm 程度），軽量で，電力/光変換効率が高く省電力で動作し，かつ長寿命である．さらに光強度の高速変調が可能である．このため LD は，光ディスク（CD, DVD, Blu-ray Disc）のデータ記録・読み出し光源，レーザープリンター光源，光通信光源と広く使われており，LD の存在なしではこれらの応用はありえないほど重要な光源である．さらに LED は，信号機，表示機器，照明，殺菌と広く使われている．図 2.1.1 に，LED，LD の発光波長と応用分野，そのための LED，LD の半導体材料の関係を示す．使用可能な波長は紫外へ，赤外へと次々と広がってきており，応用分野はますます拡大している．

　本節では，省電力で光る LED, LD について，基礎から現状までをわかりや

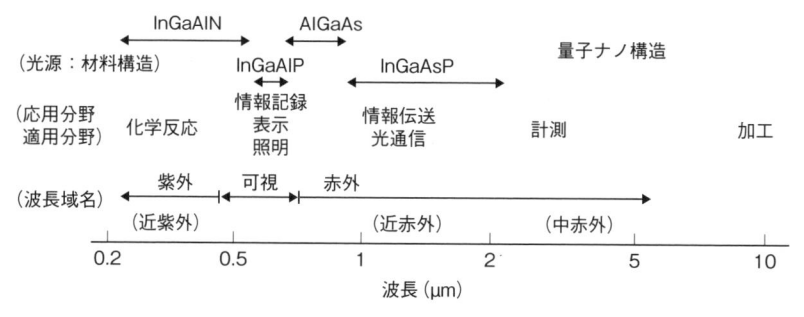

図 2.1.1　LED, LD の半導体材料，応用分野と波長の関係

すく説明する．まず，半導体での発光について説明した後，LED，LD の基本構造，発光原理，発光特性を述べる．その後，高性能 LED，LD として分布帰還形レーザー（Distributed Feedback Laser Diode，DFB LD），面発光レーザー（Vertically Confined Surface Emitting Laser，VCSEL），多重量子井戸レーザー（Multi-Quantum Well Laser Diode，MQW LD）を紹介する．最後に，新しい半導体レーザーとして量子カスケードレーザー（Quantum Cascade Laser，QCL）を取り上げる．

2.1.2 半導体の発光と発光波長

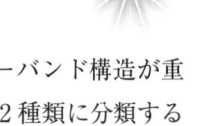

LED，LD での発光機構を考えるには，半導体のエネルギーバンド構造が重要である．半導体は直接遷移型半導体と間接遷移型半導体の 2 種類に分類することができ，LED，LD に用いられるのは直接遷移型半導体である．図 2.1.2 にそれぞれの半導体のエネルギーバンド構造を示す．

直接遷移型半導体では，図 2.1.2（a）に示すように伝導帯に励起された電子は，

$$E_c = E_v + \hbar\omega_p \tag{2.1.1}$$

$$\hbar k_c = \hbar k_v + \hbar k_p \cong \hbar k_v \quad (\hbar k_p \cong 0) \tag{2.1.2}$$

のエネルギー保存則，運動量保存則を満たして垂直に価電子帯に遷移し，

$$\hbar\omega_p \cong E_g \tag{2.1.3}$$

のエネルギーの光を放出する．別の言い方をすると，伝導帯の電子と価電子帯の正孔が再結合して光を放出する．ここで，添字の c，v，p は伝導帯，価電子帯，光子（フォトン：photon）を意味し，E_c，E_v，$\hbar\omega_p$ および $\hbar k_c$，$\hbar k_v$，$\hbar k_p$ は伝導帯電子，価電子帯正孔，光子のエネルギーおよび運動量，E_g は禁制帯幅（バンドギャップエネルギー：band-gap energy）である．また，$\hbar = h/2\pi$，h はプランク定数である．光の運動量は電子，正孔の運動量と比べて桁違いに小さいので 0 であるとして扱ってよい（$\hbar k_p \cong 0$）．

他方，間接遷移型半導体では，図 2.1.2（b）に示すように，フォノン（phonon：格子振動）の関与が必要であり，$\hbar k_c = 0$ の位置（Γ 点）から外れた最低エネルギー伝導帯の底にある電子は，

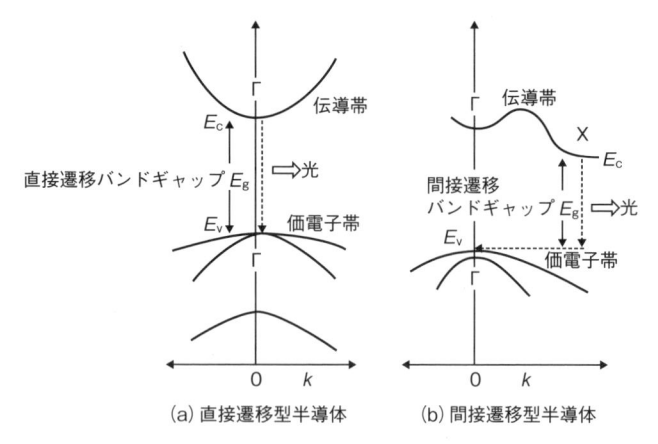

図 2.1.2 半導体のエネルギーバンド構造
(a) 直接遷移型半導体, (b) 間接遷移型半導体

$$E_c = E_v + \hbar\omega_p \pm E_q \tag{2.1.4}$$

$$\hbar k_c = \hbar k_v + \hbar k_p \pm \hbar k_q \cong \hbar k_v \pm \hbar k_q \tag{2.1.5}$$

のエネルギー保存則,運動量保存則を満たした遷移をして,

$$\hbar\omega_p \cong E_g \pm E_q \tag{2.1.6}$$

のエネルギーの光を放出する.ここで,E_q,$\hbar k_q$ はフォノンのエネルギーおよび運動量である.間接遷移型半導体ではフォノンが関与した電子遷移(再結合)プロセスとなり,その遷移確率は小さく(遷移に時間がかかる),普通の状態の間接遷移型半導体では欠陥準位を経由してフォノンを放出しながら遷移が起こってしまい発光が見られない.したがって,LED,LD の発光デバイス用半導体としては,直接遷移型半導体が用いられる.なお,間接遷移型半導体でも結晶欠陥,不純物が非常に少なく結晶性が非常によい場合には,欠陥準位を介した電子遷移の時間が長くなり,伝導帯の Γ 点から価電子帯の Γ 点へとフォノンの関与しない電子遷移(直接遷移)も可能となり,発光が見られるようになる.

直接遷移型半導体での発光エネルギー $\hbar\omega_p$ はバンドギャップエネルギー E_g にほぼ等しく,LED,LD の発光波長はバンドギャップの大きさで決まる.逆に,ある波長の光を得ようとした場合には,その波長に対応した直接遷移型半導体を用いる必要がある.たとえば GaAs の Ga 原子位置の一部を Al 原子で

置き換えた AlGaAs のような混晶半導体がある．混晶半導体を用いることで，連続的にさまざまな波長の発光が得られる．図 2.1.1 には代表的半導体に対してそのバンドギャップエネルギーに相当する波長を示す．これらの半導体を用いることにより，赤外から紫外の波長までの発光が可能である．

　伝導帯，価電子帯のバンド間を電子が移動することを電子遷移（とくにバンド間電子遷移）という．電子遷移によって光が放出されるのが発光であり，逆に光が取り込まれて電子が励起されるのは光吸収である．発光過程には，電子が励起状態（伝導帯）から自然に基底状態（価電子帯）に遷移し発光する自然放出過程と，励起された電子近くに光が存在することによりその光に誘導されて電子遷移が起こり発光する誘導放出過程がある．

　半導体中で発光を起こさせるには，伝導帯に電子が，価電子帯に正孔（電子が抜けた状態）が多数存在する状態とする必要がある．このような状態を生じさせるには，いくつかの方法がある．(1) バンドギャップエネルギーより大きなエネルギーをもつ光（短い波長の光）を半導体に照射して，価電子帯の電子を伝導帯に励起する方法は，フォトルミネセンス（photo-luminescence）といわれる．(2) 半導体に電界を印加して電子を励起する方法は，エレクトロルミネセンス（electro-luminescence）という．(3) 加速した電子線を半導体に照射して電子を励起する方法をカソードルミネセンス（cathode-luminescence）という．そして，LED，LD で用いられるのは，(4) 半導体 pn 接合により電子，正孔を注入する方法であり，注入型エレクトロルミネセンスという．注入型エレクトロルミネセンスを利用した発光デバイスのうち，再結合が自然放出によるものが発光ダイオードであり，誘導放出によるものが注入型半導体レーザーである．

　注入型エレクトロルミネセンスでは pn 接合によりキャリア（電子，正孔）の注入が行われるが，効率的に発光を起こさせる，つまり効率的に再結合を起こさせるために半導体ヘテロ構造が用いられる．半導体ヘテロ構造とは異種の半導体（たとえば GaAs と AlGaAs）を積層した構造である（図 2.1.3 (a)）．基本的には，発光層となる半導体をそれより大きなバンドギャップエネルギーをもつ半導体で挟み込んだ二重ヘテロ（double-hetero）構造である．この構造では，pn 接合を介して注入された電子，正孔はバンドギャップの狭い中間

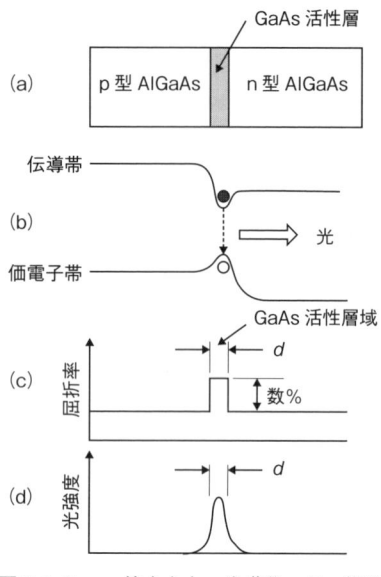

(a) p型AlGaAs | GaAs活性層 | n型AlGaAs

(b) 伝導帯 → 光 ← 価電子帯

(c) 屈折率　GaAs活性層域　d　数%

(d) 光強度　d

図 2.1.3　pn 接合をもつ半導体ヘテロ構造

の発光層（電子，正孔にとってともにエネルギー的に低い状態となっている）に流れ込み同じ領域に蓄積される．したがって，効率的な発光が実現される．

2.1.3　発光ダイオード（LED）

　LED は自然放出による再結合発光を利用した発光デバイスである．LED の基本構造とそのときのバンド構造を図 2.1.4 に示す．電子，正孔は，それぞれバンドギャップの広い n 型半導体クラッド層，p 型半導体クラッド層からバンドギャップの狭い発光層（活性層）に注入され，そこで再結合して光を放出する．放出される光のエネルギーは発光層である半導体のバンドギャップエネルギーにほぼ等しい．自然放出光は通常，ヘテロ構造の n 型クラッド層側あるいは p 型クラッド層側から取り出される（図 2.1.4 では n 型クラッド層側からの取り出し）．クラッド層である半導体は発光層の半導体よりバンドギャップエネルギーが大きいので発光に対して透明であり，吸収されることなく有効に光が取り出せる．

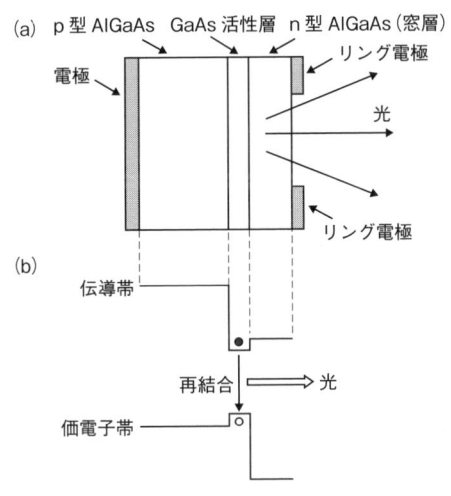

2.1 省電力で光る——発光ダイオードと半導体レーザー

(a) p型AlGaAs　GaAs活性層　n型AlGaAs（窓層）

電極　　リング電極

光

リング電極

(b)

伝導帯

再結合 ⇒ 光

価電子帯

図2.1.4 発光ダイオードの基本構造（断面図）とバンド構造

図2.1.5にLEDからの（a）発光強度と駆動電流の関係，（b）発光スペクトルの例を示す．投入した電力量に対してどれだけの割合が光として取り出されるかは，光源として重要である．LEDではpn接合に電流を流すことによりキャリア（電子，正孔）の注入が行われ，注入されたキャリアが再結合して光に変換される．したがって，電流量のどれだけが光に変換されるかが光源としての効率を決める．

LEDからの出力光量をP，光のエネルギーを$\hbar\omega_\mathrm{p}$とすると，出力光子数は$P/\hbar\omega_\mathrm{p}$である．そのときの駆動電流をIとすると注入電子数はI/eである（eは電子の素電荷）．したがって，注入キャリアから光子への変換効率すなわち外部量子効率η_T（添字のTは全効率の意味）は，

$$\eta_\mathrm{T}=\frac{\text{出力光子数}}{\text{注入電子数}}=\frac{P/\hbar\omega_\mathrm{p}}{I/e}=\frac{P}{IE_\mathrm{g}} \qquad (2.1.7)$$

となる．LEDでは一般的に30〜40％と高い効率である．光にならなかった電力としては，LED内部で再吸収されたもの，あるいは熱となってLEDからの取り出し光として有効に使われなかったものである．白熱電球では，フィラメントが電流により加熱して発光するために圧倒的に多くの電力が熱になってしまうので，投入電力から光に変換される効率が数％以下程度と低いものとなっ

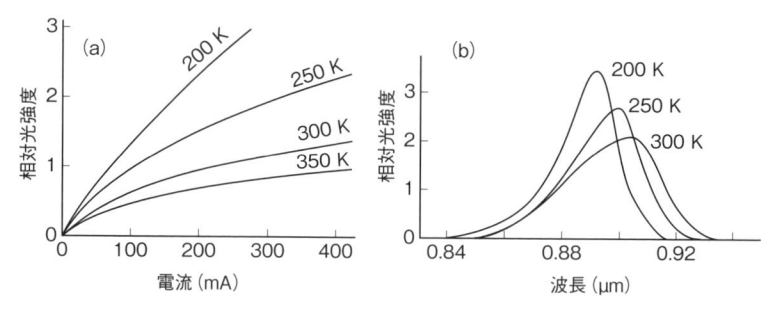

図 2.1.5 LED からの (a) 発光強度と駆動電流の関係, (b) 発光スペクトルの例

ている. このように, LED は省電力で光るという大きな特徴がある.

LED からの発光は自然放出によるものであるため, 注入されたキャリアの発光層（活性層）内でのエネルギー分布に対応した発光スペクトルを示す（図 2.1.5 (b)）. 次に述べる LD に比べてそのスペクトル幅は広い. 発光波長は, すでに述べたように発光層（活性層）となる半導体のバンドギャップによりほぼ決まる. 赤外（1.3～1.5 μm）では InGaAsP/InP ヘテロ構造, 赤, 橙, 黄では InGa(Al)P/InGaAlP ヘテロ構造, 緑, 青, 紫, 紫外では InGaN/(Al)GaN ヘテロ構造で LED が実現されている. なお, 外部量子効率は波長域により効率が異なっているのが現状である. 緑色 LED は現在のところほかの可視光波長領域の LED に比べ効率が劣っている. これは, 結晶欠陥が少なく発光再結合効率の高い結晶を得るのが難しく, まさに研究途上にある波長領域に相当するためである. LED の発光効率は発展途上にあり, 今後ますます効率のよい, したがって, さらに省電力の LED が入手可能となると考えられる.

ほかの光源と比べたときの LED のもう一つの特徴は, 光源としての寿命が長いということである. これは, LED の発光機構が注入された電子, 正孔の再結合によるものだからである. LED の劣化は, 電極の長時間の使用による劣化, LED 半導体結晶内の結晶欠陥の長時間動作による増殖などによるもので, 白熱電球でのフィラメントの断線によるものとは本質的に異なる. このため, 電球（ランプ）を光源に用いた信号機では 1 年に 1 度交換が必要であったものが, LED の信号機では 10 年に 1 度程度の交換をすればよくなる.

2.1.4 半導体レーザー（LD）

a. LDの基本構造

　LDは誘導放出による発光再結合を利用した発光デバイスである．LDのもっとも簡単な構造は，図2.1.6に示すように，異なる半導体層を3層重ねたものである（二重ヘテロ構造）．真ん中の半導体層（図2.1.6ではGaAs層）が光を出す層で，活性層と呼ばれている．活性層の厚さ d は $0.1\,\mu m$ 程度である．その上下を活性層より禁制帯幅の広いn型およびp型の半導体層で挟んだ構造となっている．レーザー光が出射される面と反対側の面とは互いに平行な反射面を形成していて，ファブリ-ペロー共振器と呼ばれる．この反射面は通常，半導体結晶の特性を利用し，へき開して形成される．共振器面の間隔（共振器長）L は $0.3\,mm$ 程度である．

　上下のn型およびp型の半導体層にはそれぞれ電極が形成され，この電極より電流が流され，活性層に多量のキャリア（電子，正孔）が注入される．注入されたキャリアはそこで誘導再結合して光を放出する．誘導放出された光（光子）は共振器面の間を往復してさらなる誘導放出を促す．放出される光のエネルギーは発光層である半導体のバンドギャップエネルギーにほぼ等しい．

　レーザー発振に必要な電流を少なくするために，電流は通常，幅 $2\,\mu m$ 程度のストライプ（帯）状の領域に制限されて流される．このため上部の電極は幅 S の領域でのみ電流が流れるように，たとえば図2.1.6のように絶縁膜が幅 S

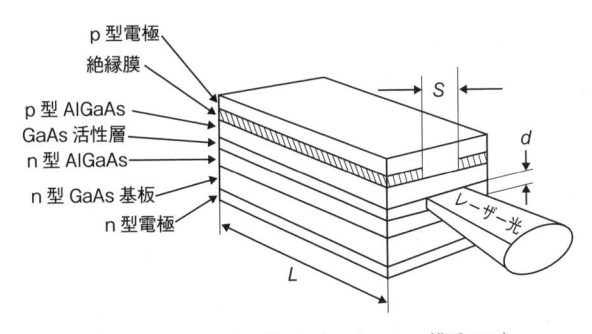

図2.1.6　LDの基本構造（二重ヘテロ構造LD）

の領域を除いて形成されている．

b． LDの基本特性

次に，LDの基本的な特性について説明する．LDでは電極に流す電流を増やしていくと，図2.1.7（a）のように光出力がある電流値のところから急激に増大する．このときの電流値をしきい値電流（threshold current）I_{th} と呼び，これ以上の電流を流すとレーザー発振が得られる．それ以下の電流では自然放出過程による発光でありLEDとしての動作状態である．図2.1.7（a）のカーブの傾きは供給電力からレーザー光への変換効率を与える．この変換効率を表す外部微分量子効率 η_D（添字のDは微分効率の意味）は，

$$\eta_D = \frac{出力光子数の増加分}{注入電子数の増加分} = \frac{dP/\hbar\omega_p}{dI/e} = \frac{dP}{dIE_g} \qquad (2.1.8)$$

で与えられる．LDの大きな特徴は，この変換効率が数十％と高いことである．これに対して，ガスレーザー，固体レーザーでは数％以下である．つまり，省電力でレーザー光が得られるということである．LDでは，電流の供給方法をパルス的に行うか連続的に行うかで，パルス発振または連続発振（CW発振）といい，両方が実現可能である．用途に応じていずれかが用いられる．たとえば，光通信ではパルス発振が用いられ，CD，DVDでは連続発振が用い

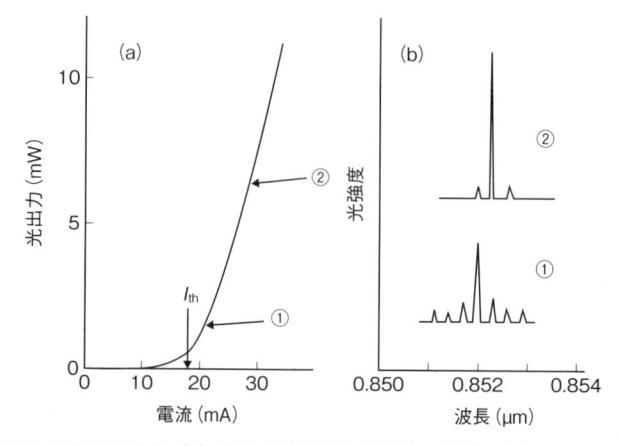

図2.1.7 LDにおける（a）光出力強度と注入電流の関係，（b）レーザー光のスペクトル（見やすいように光強度のゼロレベルをずらしてある）

られる.

　しきい値電流 I_{th} は周囲温度が上昇すると大きくなる．注入された電子，正孔が温度上昇によって有効にレーザー光に変換しなくなるからである．I_{th} は一般的に，

$$I_{th} = I_0 \exp\left(\frac{T}{T_0}\right) \qquad (2.1.9)$$

に従う温度依存性を示す．ここで T_0 は特性温度といい，この値が大きいほど温度に対して I_{th} の温度変化は小さい．T_0 の値は GaAs/AlGaAs LD では 100 K 程度であり，InGaAsP/InP LD では 50 K 程度である．LD からの出力光のスペクトルは，図 2.1.7（b）のようであり，一般的には数本の波長で発振する．そして，図のように発振波長は一般に注入電流の大きさによって変化する．

　LD からのレーザー光は，ガスレーザー，固体レーザーのように細い平行なビームではなく，LD から離れるに従い広がっていく．この広がり角度は LD 構造に依存するが，図 2.1.6 の LD では多層面に平行な方向では 20°前後，垂直な方向では 40°前後である．これは，LD の寸法が小さく，レーザー光出射端で回折が起こるためである．通常，出射端近傍にレンズを設けてほぼ平行光にしている．

c．LD でのレーザー発振の原理

　ガスレーザーや固体レーザーでは，分子あるいは原子がもつ分離したエネルギー準位間の電子遷移を利用してレーザー発振を起こしている．これに対して LD では，半導体中の伝導帯と価電子帯との間の電子遷移によりレーザー発振が起こる．すなわち LD の pn 接合に順方向電流を流して，活性層である直接遷移型半導体層（図 2.1.6 では中央の GaAs 層）の伝導帯には電子を，価電子帯には正孔を多量に注入して反転分布を形成する．通常はフェルミ-ディラックの分布関数に従って低いエネルギー状態ほど多数の電子が存在するが，注入量を上げると高いエネルギー状態にある電子が多くなるようになり，この状態を反転分布という．高いエネルギー状態にある伝導帯の電子は低いエネルギー状態の価電子帯に遷移して正孔と再結合する．このとき二つの状態のエネルギー差に相当するエネルギーを放出する．放出された光は平行な反射面（共振器

面)の間を往復する.この往復する光により誘導されて,伝導帯の電子は価電子帯に遷移して,誘導放出が起こる.そして,注入電流の増加につれて注入キャリア(電子,正孔)の濃度が増加し,誘導放出の割合が半導体内部での光吸収の割合を上回るとレーザー発振が起こる.

　レーザー発振を効率よく行うためには,効率よく反転分布を実現させること,放出光を効率よく共振器面間を往復させることが必要である.このためにLDでは,図2.1.6のような多層構造をとる.活性層の禁制帯幅はそれを上下から挟むクラッド層と呼ばれる層(図ではAlGaAs層)の禁制帯幅より小さい.図2.1.6を横に倒した二重ヘテロ構造部分の断面構造が図2.1.3(a)であり,伝導帯,価電子帯のエネルギーの空間分布をみたものが図2.1.3(b)で,活性層のところに電子,正孔が蓄積されやすい構造となっている.このため反転分布が効率的に実現される.

　また,図2.1.3(c)に示すように,この構造では活性層(GaAs)の屈折率がクラッド層(AlGaAs)の屈折率より大きくなっている.光は屈折率の大きなところを伝播するため,図2.1.3(d)に示すように放出光も活性層を中心に集中して伝播する.このことは,放出光が屈折率の異なる活性層とクラッド層の界面で全反射を繰り返しながら共振器の間を往復すると考えれば理解される.したがって,図2.1.6のLD構造では放出光も効率よく共振器間を往復させることができる.

　ガスレーザーや固体レーザーでは,レーザー光の波長は気体や原子の離散的なエネルギー準位間のエネルギー差によって決まる特定の値をとる.これに対してLDでは,伝導帯,価電子帯は離散的なエネルギー準位ではなく幅をもっているため,発振波長はいくつかの要素により決まる.図2.1.6のような簡単なレーザー構造では発振波長は一つの波長には決まらず数本の波長で発振する傾向がある.

　ファブリ-ペロー共振器では,共振器長 L が半波長の整数倍のときに共振(発振)条件が満たされ,レーザーの発振波長 λ は屈折率 n および整数 m を用いて,

$$m\lambda = 2nL \qquad (2.1.10)$$

で与えられる(図2.1.8).すなわち共振器内に定在波が立つ条件であり,各

$\lambda = 2nL/m$ (m＝整数)

ファブリ-ペロー共振器

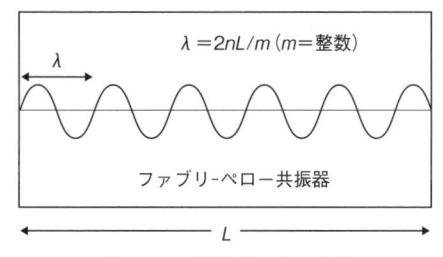

図 2.1.8 定在波が立つ条件

波長は縦モードと呼ばれる．この条件を満たす m の値は多数あり，したがって多数の波長での発振が可能である．しかし，活性層に注入された電子，正孔は伝導帯端，価電子帯端付近の狭いエネルギー領域に分布し，放出される光は活性層の禁制帯幅におおよそ相当するエネルギーにピークをもつ分布を示す．このため実際には上式を満たす波長のうち，このエネルギー分布内の波長のみが発振可能であり，通常は数本の波長で発振する．

1本の波長で発振させるには，次項で述べるようにレーザー構造に工夫を施す必要がある．また，望みの波長で発振させるには，その波長に対応した禁制帯幅をもつ半導体を活性層として用いる必要がある．なお，半導体の禁制帯幅は温度により変化するため，発振波長も温度とともに変化する．

2.1.5 高性能 LED, LD

a. 分布帰還型（DFB）レーザー

単一の波長で発振する LD として，分布帰還型（Distributed FeedBack, DFB）レーザーがある．活性層とクラッド層の間に周期的に屈折率が変化する構造を作り込んである．具体的には，図 2.1.9 に示すように活性層近傍に周期的な溝（グレーティング）を彫ることによって作られている．屈折率の周期分布により往復光に干渉が起き，特定の波長のみが反射され往復可能となる．このように，DFB レーザーでは発振波長はグレーティングの周期とそこでの屈折率によって決まっている．屈折率の温度変化は一般にバンドギャップエネルギーの温度変化の数分の一程度であり，発振波長の温度変化の小さな LD である．

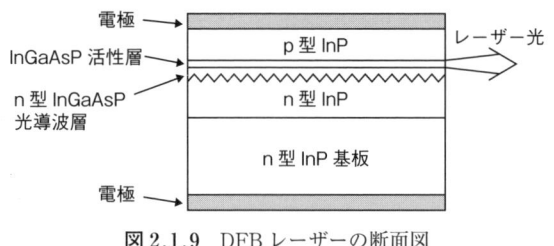

```
            電極
InGaAsP活性層 ┌────────────────────────┐
             │       p型 InP          │───→ レーザー光
n型 InGaAsP  │∧∧∧∧∧∧∧∧∧∧∧∧∧∧∧∧│
光導波層      │       n型 InP          │
             │                        │
             │      n型 InP 基板      │
             └────────────────────────┘
            電極
```

図 2.1.9　DFB レーザーの断面図

　DFB レーザーは光通信で重要な LD である．LD は超高速での ON/OFF が可能であり，このため超高速での通信が可能となっている．さらに，光は波長が異なると相互に干渉しない性質をもっており，DFB-LD の溝周期を変えて少しずつ異なる多数の波長のレーザー光に別々の情報を載せることによって，同時に多量の情報を伝送することができる．この伝送方式を波長分割多重光通信方式といい，現在の多量の情報が光通信でやりとりできているのはこのためである．ただし，用いる波長の数が増えてくると，主に屈折率の温度依存性に基づく発振波長の小さな温度依存性も問題となる．このため現在の波長多重の光通信方式においては，各 LD はペルチエ素子の上に搭載され，温度の安定化が図られている．

b．面発光レーザー

　これまで述べてきた LD では，レーザー光は多層構造に垂直な端面が共振器面となっていて，この面から放射される．これに対して，多層構造に平行な面からレーザー光が放射される構造とした面発光レーザー（Vertically Confined Surface Emitting Laser, VCSEL）と呼ばれる LD がある（図 2.1.10）．この LD では共振器長が数 μm と短いために，式（2.1.10）からわかるように，レーザー発振が可能な波長（縦モード）間隔が広くなる．このため，レーザー発振が可能な波長範囲（エネルギー範囲）に入る発振波長が 1 本になり，単一波長での発振となる．したがって，この構造の LD は単一波長レーザーとして有望であるが，面発光のレーザーであるというもう一つの特徴が表示用の LD としてとくに有用であり，この方面での実用化が進んでいる．

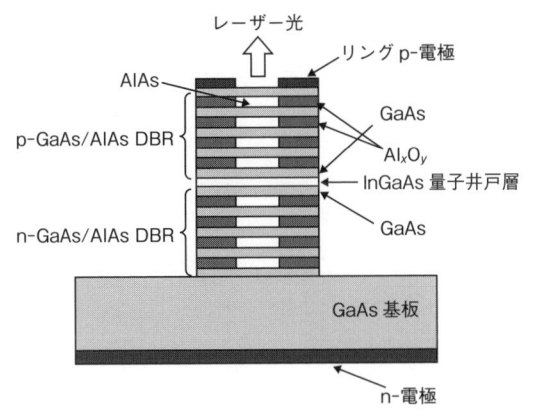

図 2.1.10 面発光レーザー

c. 多重量子井戸（MQW）レーザー

半導体中での電子の波長（ド・ブロイ波長）と同程度の厚さ（10 nm 程度）の異なる半導体層（たとえば，GaAs 層，AlGaAs 層）を交互に積層した構造を多重量子井戸（Multi-Quantum Well, MQW）構造という（図 2.1.11 (a)）．この多重量子井戸構造層で，図 2.1.6 の活性層を置き換えた LD を多重量子井戸（MQW）レーザーという．多重量子井戸では，図 2.1.11 (b) のように量子サイズ効果のためにエネルギー帯（バンド）が多数のバンド（サブバンド：sub-band）に分離し，キャリア密度のエネルギー依存性は，バルクでの $g(E) \propto \sqrt{E}$ から階段状になる（図 2.1.11 (c)）．このため，キャリアのエネルギー分布幅は狭くなり，注入された電子，正孔が有効に誘導放出に使われ，低しきい電流値でのレーザー発振が得られる．1 mA 以下でのレーザー発振も可能である．このため現在使われている LD の多くには多重量子井戸構造が用いられている．つまり，MQW レーザーとなっている．

これらを横に並列に並べたレーザーアレイ（laser array）（図 2.1.12）では，数 W を超える光出力も可能となっている．このレーザーは高出力 LD として重要である．

量子サイズ効果をさらに進めたレーザーは，量子ドット（quantum dot）LD である．量子ドット構造とはド・ブロイ波長と同程度の大きさの半導体領域のまわりをそれよりバンドギャップの大きな半導体で囲んだ構造であり，こ

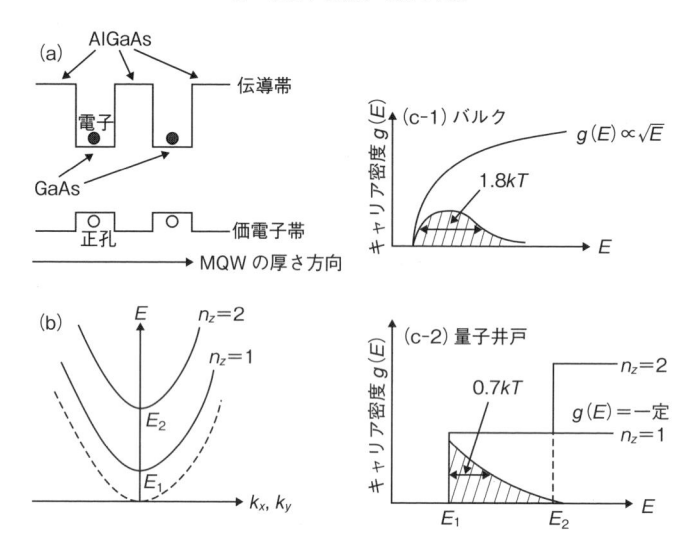

図2.1.11 (a) GaAs/AlGaAs 多重量子井戸（MQW）構造，(b) バルク GaAs（破線），MQW 構造（実線）に対する伝導帯の $E(k)$ の様子，(c) キャリア密度のエネルギー依存性 $g(E)$ およびキャリアの分布の様子（斜線部分）

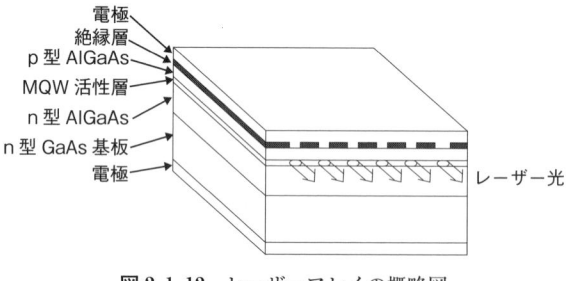

図2.1.12 レーザーアレイの概略図

のため3次元方向すべてのエネルギーに分離が起こり，飛び飛びのエネルギー準位のみに電子，正孔が存在できるようになり，LD の性能は理論的には格段に高くなる．現実には，均一なサイズの量子ドットを形成することは容易ではないが，それでも MQW レーザーを上回る性能の LD が実現されている．

2.1.6 新しい半導体レーザー:量子カスケードレーザー

伝導帯,価電子帯間の電子遷移,すなわち伝導帯の電子と価電子帯の正孔との再結合による発光デバイスがこれまで述べてきた LED,LD である.これに対して,伝導帯サブバンド間での電子遷移に基づいた発光を利用したレーザーが量子カスケードレーザー(Quantum Cascade Laser,QCL)である.このレーザーでは,正孔は関与していない.図 2.1.13 に示すような半導体量子井戸多層構造を多数回繰り返した構造をレーザーの活性層として用いる.図 2.1.13 では量子井戸多層構造(三層量子井戸活性領域と傾斜デジタル混晶領域)をほぼ 2 回繰り返した部分の伝導帯バンドの様子を描いている.

QCL の両端の電極に電圧を印加すると,活性層のエネルギーバンドは傾斜し,量子井戸 3 の伝導帯サブバンド準位に注入された電子は 4.3 ps ほどの時間で量子井戸 2 の伝導帯サブバンド準位に遷移し,そのエネルギー差に対応する光子を放出する.量子井戸 2 の電子は 0.6 ps ほどの短い時間で量子井戸 1 の伝導帯サブバンド準位に速やかに遷移する.量子井戸 1 の電子は続いて 0.5 ps 以下の時間で組成傾斜層(傾斜デジタル混晶領域)にトンネルし,第 1 の量子井戸多層構造から第 2 の量子井戸多層構造へと移動する.量子井戸 3 のエネルギー準位から量子井戸 2 のエネルギー準位に遷移した電子は,この遷移時間よりも速く量子井戸 1,組成傾斜層へと移動するために,量子井戸 3 のエネルギー準位に存在する電子数は量子井戸 2 のエネルギー準位より多く,反転分布が実現されている.3,2,1 のエネルギー準位およびそれらの電子占有数は 3 準位のガスレーザー,固体レーザーと同じ状況が実現されていることになる.さらに,量子井戸 3 から 2 に遷移する際に放出された光子は,次の量子井戸多層構造での電子遷移を誘導放出として起こさせる働きをする.したがって,次々と誘導放出が起こり,レーザー発振が実現される.

量子井戸多層構造に用いる半導体の組み合わせおよび各層の厚さの設定によって各伝導帯サブバンド準位のエネルギー差が異なってくるため,放出される光子のエネルギーはそれらに依存する.III-V 族半導体による QCL では,中赤外域(波長 2~10 μm 程度)からテラヘルツ領域(周波数 0.1~10 THz=波

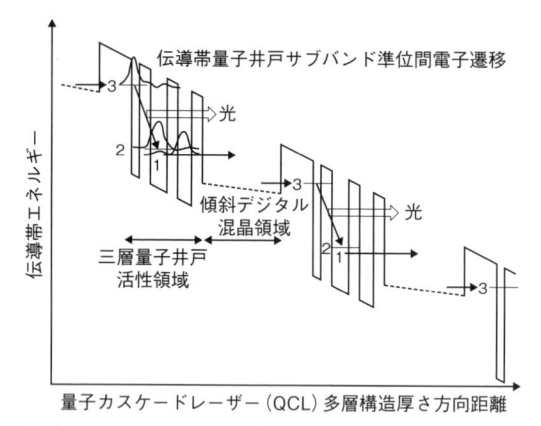

図 2.1.13 量子カスケードレーザー (QCL) の伝導帯バンドと電子遷移の様子

長 30 μm〜3 mm 程度）が実現されている．伝導帯，価電子帯遷移に基づく LD では，波長が長くなると，すなわち光エネルギーが小さくなるとオージェ遷移といわれる非発光遷移の割合が大きくなるために高効率のレーザーの実現が難しくなるが，QCL ではこのような問題はなく，中赤外域からテラヘルツ領域でのレーザーとして有望である．

2.1.7 ま と め

半導体を用いた光源である発光ダイオード (LED)，半導体レーザー (LD) は，小型であり省電力で発光し，かつ高速変調が可能で長寿命である優れた光源である．このため，LD は光ディスクのデータ記録・読み出し光源，レーザープリンター光源，光通信の発信光源として，LED は信号機，表示機器，照明，殺菌用の光源として広く使われている．現在の社会生活において必須なデバイスである．本節では，LED, LD に関して発光の基礎から現状について平易に説明した．

［朝日 一］

2.2

光ファイバー通信の長距離・高速化に向けて
―――光信号再生技術

2.2.1 はじめに

　公衆通信における光ファイバー伝送方式の商用化は日本においては1981年に始まった．当初の伝送速度は毎秒32Mbitまたは100Mbitであった．その後，光ファイバー自身の特性向上に加えて，光素子技術や高速電子回路技術の発展，光ファイバー増幅器の開発，波長分割多重伝送方式の導入，信号変復調方式の高度化などの数々のブレークスルーや新技術の導入を経て，現在では1本のファイバーあたりの総伝送容量が毎秒1Tbitを超えるシステムが商用に供されている．今後もより大量・多様なデータがさまざまな規模の通信ネットワークをやりとりされるようになることは間違いなく，情報通信システムの基幹部分を担う光ファイバー通信の性能向上への期待は依然として大きい．最近の実験では，1本のファイバーを使って毎秒1Pbitの情報を50km以上にわたって誤りなく伝送できることが実証されている[1]．ファイバーあたりの容量距離積に関しては，203Pbit/s・km（30.6Tbit/s×6630km）がこれまでに報告された最大値である（本稿執筆時）[2]．

　1本のファイバーが運ぶことができる単位時間あたりの情報量（伝送容量）は，(1) 1本のファイバー中を独立に伝搬する空間モードの数（またはコア数），(2) 利用できる光スペクトル帯域幅，および (3) 帯域幅あたりの情報伝送速度（周波数利用効率），に比例して増大する．これら三つのファクターのそれぞれを増大させることによって，光ファイバー通信システムの容量を増やすことができる．これらのうち，周波数利用効率の増大は，一つのシンボル（一つの光パルス）を用いて送るビット数を増やすことによって，つまり，変

調の多値数を増すことによって達成される．最近の基幹システムでは4値の位相変調方式（Quadrature Phase-Shift Keying, QPSK）または4値の差動位相変調方式（Differential QPSK, DQPSK）の利用が普通になりつつあり，さらに多値の変調方式の導入が進められている．一般に m 値の変調方式を用いると，一つのシンボルで送ることができる情報量は $\log_2 m$ ビット（光の二つの偏波を独立に用いる場合はその2倍）となる．

変調の多値度 m を増すと情報伝送速度を上げることができるが，雑音の混入が不可避の伝送システムにおいて，m 通りのシンボルのうちどれが送られたかを受信側で識別することが難しくなる．光増幅器による増幅中継を繰り返すシステムにおいては，雑音量は増幅中継回数，すなわち伝送距離，に比例するので，多値度を増すほど伝送可能距離が短くなる．信号伝送距離を延ばすためには，信号に加わる雑音を除去する信号再生処理を伝送途中で施すことが有効であり，多値変調光信号に対するできるだけ簡易な信号再生技術の確立が望まれる．本節では，多値位相変調信号に対する信号再生について，最近の研究の進展を紹介する．

2.2.2　全光信号再生と光電気変換型信号再生

光信号再生は，光信号を電気信号に変換せずに光のままで処理し雑音を除去する全光型と，光信号を電気信号に変換してから雑音除去の処理を行いその後に光信号に変換し直す光電気変換型に分類できる．

4値の QPSK 信号または DQPSK 信号に対する全光再生方式として，(1) 0および π の2レベルの位相再生効果をもつ位相感応型増幅器（Phase-Sensitive Amplifier, PSA）を並列に用いる方法[3]，(2) 多段階段状の位相応答特性をもつ PSA を用いる方法[4-6]，(3) 位相遅延が $\pm\pi/4$ の遅延干渉計（Delay Interferometer, DI）を並列に用いて DQPSK 信号を2系列の振幅変調信号に変換し，雑音を除去した後に全光変調器を駆動して QPSK 信号を生成する方法[7,8]，(4) コヒーレント復調によって QPSK 信号を2系列の振幅変調信号に変換し，雑音を除去した後に全光変調器を駆動して QPSK 信号を生成する方法[9,10]，などが提案されている．これらの全光再生器では，光ファイ

バーまたは半導体光増幅器の光非線形性を光位相や振幅のしきい値処理に用いており，毎秒100ギガシンボルを超える高速な信号再生動作が期待される[11,12]．その反面，全光再生方式においては急峻な非線形伝達特性を実現することが困難であり，十分な雑音除去効果を得ることが難しい．

一方，電気信号で光を制御するマッハツェンダー電気光学変調器（Mach-Zehnder electro-optic Modulator, MZM）や電界吸収型変調器（Electro-Absorption Modulator, EAM）を用いると，大きい消光比や急峻なしきい値特性を得ることが比較的容易である[13-15]．光信号を検出器で電気信号に変換してからこれらの変調器を駆動して出力信号を生成する構成を用いることによって，処理できる信号の速度に制約が加わるものの（毎秒数十ギガシンボル程度以下），小型で低電力消費の光信号再生器を実現できると考えられる．

以下では，全光学的な多値位相変調信号再生方式の例として，ファイバー中の四光波混合を利用したQPSK信号再生の原理（上述した四つの全光（D）QPSK再生方式のうちの（2）の方式）を紹介した後，光信号を電気信号に変換してから雑音除去を行った後に再度光信号に変換する光電気変換型DQPSK信号再生の実験結果[16]について述べる．

2.2.3　光QPSK信号の全光学的位相再生

M値多値位相変調信号は，位相値が $0, 2\pi/M, (2\pi/M)\times 2, \cdots, (2\pi/M)\times (M-1)$ のいずれかの値をとる．位相再生とは，信号位相のこれらの値からの揺らぎ（位相雑音）を除去することであり，再生器は図2.2.1に示すような階段状の位相伝達特性をもつことが必要になる．このような階段状の位相伝達関数は，入力光にその共役光を重ね合わせる操作を行うことで実現できる[3-6,17]．

ここでは例として，4値の位相変調信号（QPSK信号）の位相再生について考える．入力信号の振幅および位相をそれぞれ A_in および ϕ_in とし，複素振幅を $A_\text{in}\exp(i\phi_\text{in})$ とおく．何らかの方法を用いて入力信号の3次位相共役光 $kA_\text{in}\exp(-3i\phi_\text{in})$ を生成し，入力信号に加えることにより出力信号を生成する．つまり，出力信号を

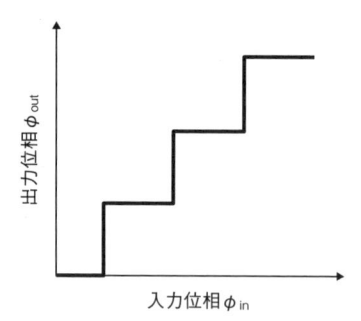

図 2.2.1 階段状の位相伝達関数

$$A_{\text{out}}\exp(i\phi_{\text{out}}) = A_{\text{in}}\exp(i\phi_{\text{in}}) + kA_{\text{in}}\exp(-3i\phi_{\text{in}}) \qquad (2.2.1)$$

とする.ここで,k は高次位相共役光と入力光の振幅比である.式 (2.2.1) において,$\phi_{\text{in}} = 0, \pi/2, \pi$,または $3\pi/2$ のとき,第 2 項の高次位相共役光が第 1 項の入力光と同位相になり,二つの成分が強め合うように干渉する.つまり,位相値が $0, \pi/2, \pi$,または $3\pi/2$ の入力光が選択的に増強されて出力される.式 (2.2.1) より,出力光の振幅と位相は

$$A_{\text{out}} = [1 + k^2 + 2k\cos(4\phi_{\text{in}})]^{1/2} \qquad (2.2.2\text{a})$$

$$\phi_{\text{out}} = \tan^{-1}\left\{\frac{\sin\phi_{\text{in}} - k\sin(3\phi_{\text{in}})}{\cos\phi_{\text{in}} + k\cos(3\phi_{\text{in}})}\right\} \qquad (2.2.2\text{b})$$

で与えられる.図 2.2.2 に $k=0.1, 1/3$,および 0.8 の場合の ϕ_{out} を ϕ_{in} の関数として表す.$k=0$ の場合は $\phi_{\text{out}} = \phi_{\text{in}}$ であるが,k が大きくなるほど,ϕ_{out} の ϕ_{in} に対する依存性が直線関係から大きく逸脱し,図 2.2.1 に示すような階段型の位相伝達特性が得られる.なお,式 (2.2.2b) を $\phi_{\text{out}} = \phi_{\text{in}} = (\pi/2)m$ ($m = 0, 1, 2, 3$) のまわりで展開すると,入力位相および出力位相の $(\pi/2)m$ からのずれ,$\Delta\phi_{\text{in}}$ および $\Delta\phi_{\text{out}}$ の間に

$$\Delta\phi_{\text{out}} = \frac{1-3k}{1+k}\Delta\phi_{\text{in}}$$

の関係があることがわかる.$0 < k < 1$ の場合,$|\Delta\phi_{\text{out}}| < |\Delta\phi_{\text{in}}|$ が成り立ち,出力信号の位相揺らぎが入力信号の位相揺らぎより小さくなる.また,$k=1/3$ のとき $\Delta\phi_{\text{out}} = 0$ となり,1 次近似の条件下で位相揺らぎ抑制の効果が最大になる.

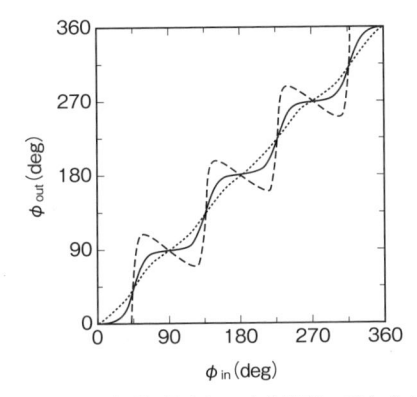

2.2 光ファイバー通信の長距離・高速化に向けて――光信号再生技術

図2.2.2 位相伝達関数（信号光と3次共役光の重ね合わせによる）
（点線：$k=0.1$，実線：$k=1/3$，破線：$k=0.8$）

(a) 高次四光波混合光の発生

(b) 高次位相共役光の発生

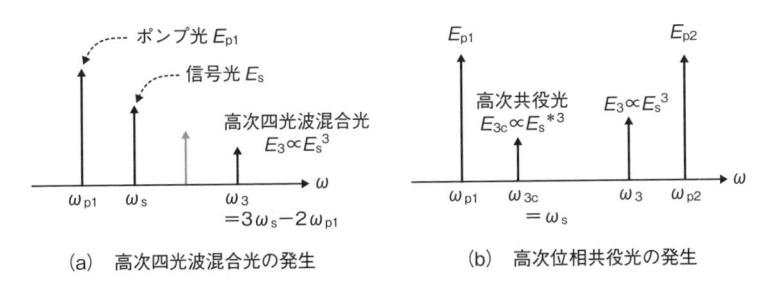

図2.2.3 高次位相共役光の発生

このような信号操作（位相共役光の生成と入力信号との合成）は，光ファイバーなどの光非線形媒体内の四光波混合効果を用いることで実現できる[18]．今，角周波数がω_{p1}のポンプ光（複素振幅E_{p1}）と，角周波数がω_sの信号光（複素振幅E_s）を，3次の非線形性を有するファイバーに同時に入力することを考える．そのスペクトルを図2.2.3（a）に示す．四光波混合効果により，角周波数が$2\omega_{p1}-\omega_s$の光（複素振幅が$E_{p1}^2 E_s^*$に比例）と角周波数が$2\omega_s-\omega_{p1}$の光（複素振幅が$E_s^2 E_{p1}^*$に比例）が生成される．これらの波が十分に成長すると，ポンプ光や信号光からさらに離れた周波数をもつ高次の四光波混合光が発生する．たとえば，角周波数が$\omega_3=3\omega_s-2\omega_{p1}$の周波数位置に複素振幅が$E_{p1}^{*2} E_s^3$に比例する光（複素振幅を$E_3$とする）が発生する．$E_3$が$E_s^3$に比例することから，入力信号の位相因子が$\exp(i\phi_s)$であるとすると，$E_3$の位相

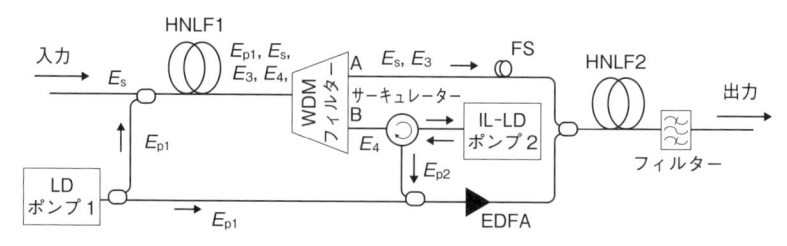

図2.2.4 QPSK信号再生器の構成図[4]
HNLF：Highly NonLinear Fiber（高非線形ファイバー），LD：Laser Diode（レーザーダイオード），IL-LD：Injection-Locked Laser Diode（注入同期レーザーダイオード），FS：Fiber Stretcher（ファイバーストレッチャー）

因子は $\exp(i3\phi_s)$ の形となる．

次に，入力信号 E_s と高次の四光波混合光 E_3 を取り出し，ポンプ光 E_{p1} ともう一つのポンプ光 E_{p2} とともに，2段目の非線形媒体に入力する．そのスペクトルを図2.2.3（b）に示す．ここで，ポンプ光 E_{p2} の角周波数は $4\omega_s - 3\omega_{p1}$ であり，E_{p2} と E_3 の角周波数差は E_s と E_{p1} の角周波数差に等しい．E_{p1}，E_{p2}，および E_3 が非線形媒体中で相互作用することにより，信号光の角周波数 ω_s の位置に複素振幅が $E_{p1}E_{p2}E_3{}^*$ に比例する四光波混合光 E_{3c} が発生する．この光は $\exp(-i3\phi_s)$ の形で信号光位相に依存し，$\exp(i\phi_s)$ の形の信号光と重ね合わされることによって図2.2.2に示すような多段階段状の位相伝達特性が実現される．なお，この方法では，四つの位相値のまわりの位相揺らぎは抑制できるが，位相揺らぎが減る一方で振幅揺らぎが増大し，出力光の品質は必ずしも改善されない．振幅揺らぎも抑制するためには，非線形媒体に入力する信号光電力を大きく選び，四光波混合発生を飽和させて用いるか，位相保持振幅リミタ機能をもつ素子を縦続接続して用いる必要がある．

図2.2.4に，上で述べた QPSK 信号再生器の構成図[4]を示す．非線形媒体として，コア部への光の閉込めを強くし非線形効果を増強した光ファイバー（高非線形ファイバーと呼ばれる）を用いている．1段目の高非線形ファイバー（HNLF1）に信号光 E_s とポンプ光 E_{p1} を入力することによって，信号光の3次四光波混合光 E_3 と4次四光波混合光 E_4（複素振幅が $E_s{}^4$ に比例する）を発生させる．HNLF1の出力に含まれる信号光と信号の3次四光波混合光を波長分離フィルター（WDMフィルター）の出力ポートAから取り出す一方，信

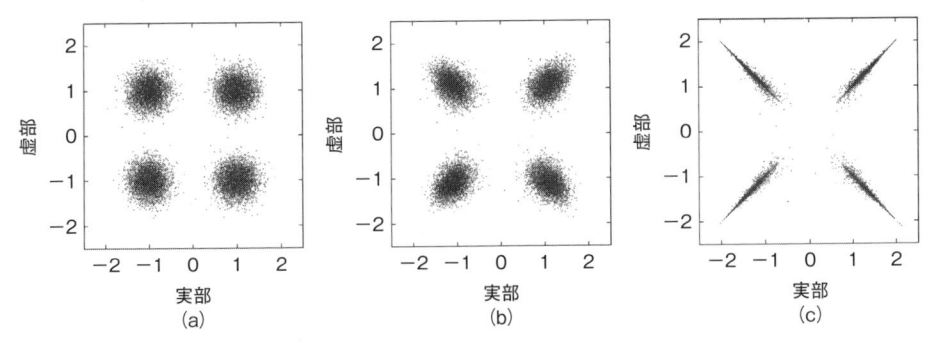

図 2.2.5 QPSK信号のコンスタレーション図
(a) 信号再生前,(b) 信号再生後 ($k=0.1$),(c) 信号再生後 ($k=1/3$)

号の4次四光波混合光を出力ポートBから取り出す.信号光がQPSK変調されている場合,複素振幅を4乗すると変調による位相変化は2πの整数倍となるので,4次の四光波混合光の位相は信号位相によらず一定となり,位相雑音のみを含むことになる.この4次の四光波混合光を半導体レーザーに入力し注入同期させると,シンボル速度程度の高速で変動する位相雑音が除去される.このようにして得られる光の角周波数は$4\omega_s-3\omega_{p1}$であり,この光を2つ目のポンプ光E_{p2}の種として使うことができる.次に,2段目の高非線形ファイバー(HNLF2)に,WDMフィルターの出力ポートAから取り出した信号光および3次四光波混合成分と,エルビウム添加光ファイバー増幅器(Erbium-Doped Fiber Amplifier,EDFA)で増幅した二つのポンプ光を入力し,先に述べたように3次の位相共役光を発生させると同時に信号光と重ね合わせる.そして最後に光フィルターによって信号光の周波数成分だけを取り出すことによって,再生されたQPSK信号が出力される.

図2.2.5に式(2.2.2a)および(2.2.2b)を用いてQPSK信号の再生をシミュレートした例を示す.図2.2.5 (a)は,信号対雑音比が13 dBの場合のQPSK信号の信号点分布(コンスタレーション図)である.信号点の実部および虚部の分布は,±1を中心とするガウス分布である.図2.2.5 (b)および(c)に再生器出力の信号点分布を示す.図2.2.5 (b)は$k=0.1$の場合,図2.2.5 (c)は$k=1/3$の場合である.$k=1/3$の場合に出力信号位相のばらつきが最小になる.なお,四光波混合の飽和を考慮すれば,信号点の半径方向の揺

らぎ（振幅雑音）も抑制される．

2.2.4 光電気変換型DQPSK信号再生器

a．再生器の構成

前項では光信号を光のままで処理する位相再生方式について述べた．本項では，光信号を検出器で電気信号に変換してから雑音を除去し，その後に光変調器を用いて再び光信号に変換するタイプのDQPSK信号再生器を取り上げ，その有効性を実験的に検証した結果を紹介する[16]．図2.2.6に光電気変換型DQPSK信号再生器の構成を示す．一般に，検出器で光信号を電気信号に変換する際に光信号の位相情報が消失する．そのため，検出前に光位相の変化を振幅変化に変換する何らかの復調操作を施す必要がある．ここでは，1シンボルDIを用いてシンボル間の位相差を振幅の変化に変換する．入力されたDQPSK信号は2分岐され，位相遅延 θ_{DI} が $+\pi/4$ または $-\pi/4$ の1シンボルDIに入力される．それぞれのDIの出力をバランス検波することによって，2系列のバイポーラ電気信号が得られる．この過程において，入力光の位相および振幅揺らぎは電気信号の振幅揺らぎに変換される．この電気信号を増幅し，2並列のプッシュプル型MZMに入力する．プッシュプル型MZMは，入力電気信号に比例して光の位相を正および負に変化させる位相変調器を並列に接続した構造の変調器であり，光振幅の透過係数が

$$\sin\left(\frac{\pi V}{2V_\pi}\right)$$

のように正弦波状に変化する．ここで，V は変調器に加えられる電気信号の

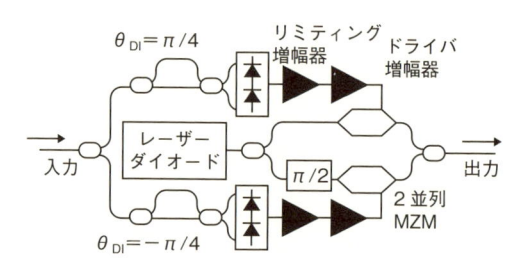

図2.2.6 光電気変換型DQPSK信号再生器

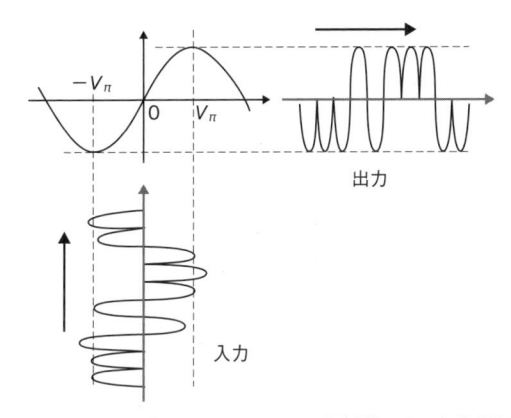

図 2.2.7 プッシュプル型マッハツェンダー変調器による振幅揺らぎの抑制

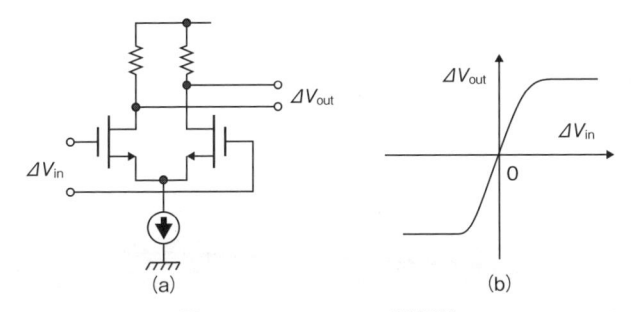

図 2.2.8 リミティング増幅器
(a) 差動増幅回路, (b) 差動増幅器の電圧伝達特性

電圧である.この透過特性を図 2.2.7 に示す.入力電気信号の正負のピーク値が正弦波的な透過率曲線の平坦な部分(入力電圧〜$\pm V_\pi$)におおよそ一致するように入力信号の大きさを調節すると,出力光の振幅揺らぎが小さくなる.

本信号再生器では,バランス検波して得られる電気信号をリミティング増幅した後に,MZM に加えている.リミティング増幅器は図 2.2.8 (a) に示すような差動増幅器を基本とする電子回路であり,毎秒十〜数十ギガシンボル程度以下の速さの電気信号に対してシンボルごとの振幅揺らぎを抑制する効果をもつ.本再生器では,電気信号に対するリミティング増幅効果と,プッシュプル型 MZM の変調特性の両者を利用して雑音を低減している.

なお,本再生器では,入力信号中の連なる二つのシンボル間の位相差(0,

$\pi/2$, π, $3\pi/2$ のいずれか）に応じて出力光パルスの位相が決まるので，再生器入出力の光信号は異なる位相パターンをもつことになる．再生器による伝送データパターンの変換を復元するために，送信端または受信端において，エンコーディングまたはデコーディングの処理を行う必要がある．

b．実験結果

伝送速度10ギガシンボル/秒のDQPSK信号の再生実験を行った．電気光学効果変調器を用いて波長1550 nmの連続光の位相を変調するとともに，各シンボルをデューティー比50%のパルス形状に整形し，20 Gbit/秒のRZ（return-to-zero）DQPSK信号を生成した．信号とは別に，無入力のEDFAを用いて自然放出雑音（Amplified Spontaneous Emission, ASE）を生成し，信号に加えることによって故意に信号を劣化させた後，信号再生器に入力する．

ASE無印加時，および，光信号対雑音比（Optical Signal-to-Noise Ratio, OSNR）が19.8 dB（雑音帯域幅0.1 nm）の場合の入力光信号波形を，それぞれ，図2.2.9（a）および（b）に示す．これらの入力信号に対応する再生器出

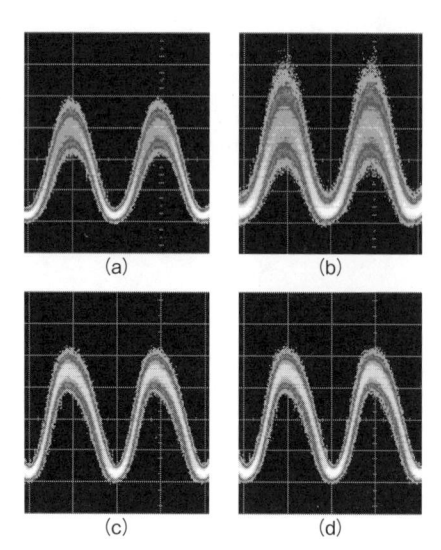

図 2.2.9　DQPSK 光信号波形（50 ps/div）
（a）再生前，ASE 無印加，（b）再生前，OSNR＝19.8 dB,
（c）再生後，ASE 無印加，（d）再生後，OSNR＝19.8 dB

力信号の波形を，それぞれ，図 2.2.9 (c) および (d) に示す．雑音の有無にかかわらず再生器出力波形はほぼ同じであり，再生器が強い波形整形効果をもつことがわかる．

次に，信号再生前後のビット誤り率（Bit Error Rate, BER）を測定した．ここでは，入力信号の OSNR を何通りかに変え，受信器への信号電力を光アッテネータで変化させて BER を測定した．その結果を図 2.2.10 に示す．入力信号の OSNR を劣化させると，入力信号では BER が次第に増大するのに対

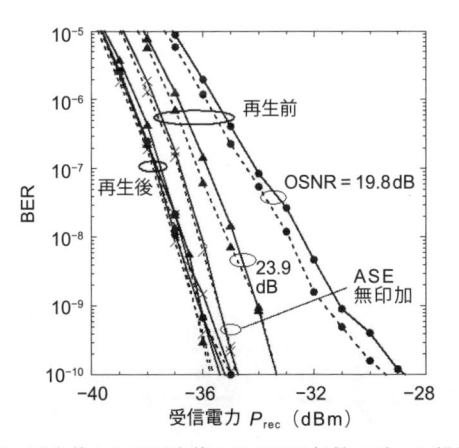

図 2.2.10 再生前および再生後の DQPSK 信号のビット誤り率特性
（実線：I チャネル，点線：Q チャネル）

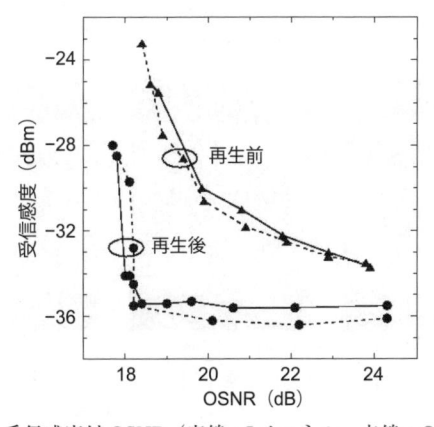

図 2.2.11 受信感度対 OSNR（実線：I チャネル，点線：Q チャネル）

し，再生器出力では BER 特性がほとんど変化せず，信号再生器の波形整形効果が顕著であることがわかる．図 2.2.11 は受信感度（BER が 10^{-9} になる受信電力）と OSNR の関係である．再生前の信号では，OSNR が低下するにつれて受信感度が徐々に劣化するが，再生後の信号の場合，OSNR が約 18 dB 以上では受信感度はほぼ一定であり，18 dB 以下の OSNR ではエラーフロアが 10^{-9} を超えるために受信感度が急激に劣化する．

再生器内での電気信号の波形を図 2.2.12 に示す．(a)，(b)，および (c) は，二並列復調経路のうちの一方の経路のバランス検波器出力波形，(d)，(e) および (f) はリミティング増幅器出力波形である．(a)，(d) は ASE を印加しない場合，(b)，(e) は入力信号の OSNR が 19.8 dB の場合，(c)，(f) は OSNR が 14 dB の場合である．入力信号の雑音が大きくなると，バランス検波器出力信号の揺らぎが大きくなるが，リミティング増幅器を通した後では揺らぎの増大がかなりの程度抑制されている．ただし，波形は NRZ 形状に近くなる．図 2.2.12 (c) に示すように入力信号のアイ開口が小さい場合も，リ

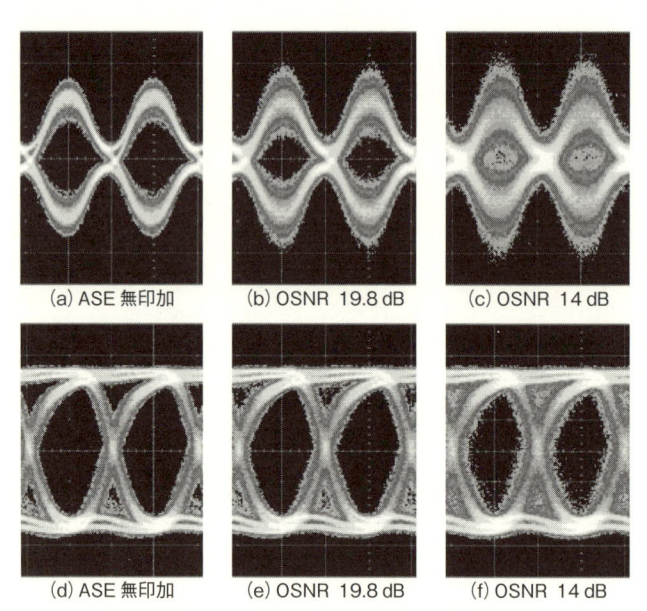

図 2.2.12　再生器内の電気信号波形（50 ps/div）
(a)，(b)，(c)：バランス検波器出力波形
(d)，(e)，(f)：リミティング増幅器出力波形

ミティング増幅器出力では開口が開いており,リミティング増幅器が強い振幅識別機能をもつことがわかる.

2.2.5 まとめ

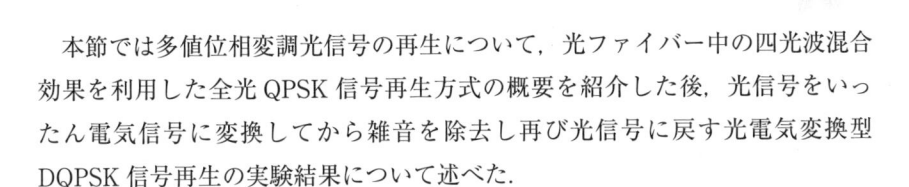

　本節では多値位相変調光信号の再生について,光ファイバー中の四光波混合効果を利用した全光 QPSK 信号再生方式の概要を紹介した後,光信号をいったん電気信号に変換してから雑音を除去し再び光信号に戻す光電気変換型 DQPSK 信号再生の実験結果について述べた.

　全光方式は,超高速動作に適しており,また,光の物理的な性質を利用して複雑な機能を単純な構成で実現できる可能性がある,といった興味深い特徴をもつものの,高速かつ低信号電力で動作する光非線形媒質を得ることは現状では難しく,また,良好な性能を実現するためには素子の動作条件の設定や信号のコンディショニングを精密に行う必要があるなどの問題がある.

　光電気変換型の信号再生方式は,動作速度の上限は全光型よりも一般に低く,信号速度や信号形式の変化に柔軟に対応することが難しいなどの問題があるが,良好な雑音除去特性を安定的に実現しやすい.これら,全光方式と光/電気/光変換方式の利点を取り入れた方式を考案することが今後の課題である.

　また,このような信号再生を実用システムに導入するためには,高密度波長分割多重,偏波多重など,高度に多重化された信号の再生の問題にどのように臨むかや,16QAM（Quadrature Amplitude Modulation）などより多値度の高い信号の再生器をどのように構成するか,などに取り組む必要がある.

[松本正行]

参考文献

1) H. Takara *et al.*, 2012 Euro. Conf. Opt. Commun. (2012) Th. 3. C. 3.
2) M. Mazurcxyk *et al.*, 2012 Euro. Conf. Opt. Commun. (2012) Th. 3. C. 2.
3) Z. Zheng *et al.*, *Opt. Commun.*, **281**, 2755 (2008).
4) J. Kakande *et al.*, 2010 Euro. Conf. Opt. Commun. (2010) PD3. 3.
5) J. Kakande *et al.*, 2011 Opt. Fiber Commun. Conf. (2011) OMT4.
6) J.-Y. Yang *et al.*, 2012 Euro. Conf. Opt. Commun. (2012) P3. 07.
7) M. Matsumoto, *Opt. Express*, **18**, 10 (2010).

8) M. Bougioukos et al., *IEEE Photon. Technol. Lett.*, **23**, 1649 (2011).
9) X. Yi et al., *J. Lightwave Technol.*, **28**, 587 (2010).
10) K. N. Nguyen et al., 2011 Opt. Fiber Commun. Conf. (2011) OMT3.
11) O. Leclerc et al., *Optical Fiber Telecommunications IV A. Components*, I. Kaminow and T. Li eds, 732–783 (2002).
12) M. Matsumoto, *IEEE J. Sel. Top. Quantum Electron.*, **18**, 738 (2012).
13) K. Inoue, *IEEE Photon. Technol. Lett.*, **8**, 1322 (1996).
14) Y. Kisaka et al., *Electron. Lett.*, **35**, 1016 (1999).
15) H.-F. Chou and J. E. Bowers, *Opt. Express*, **13**, 2742 (2005).
16) M. Matsumoto et al., 2013 Conf. Lasers Electro-Opt. (2013) CM1G.2.
17) J. Kakande et al., *Nature Photon.*, **5**, 748 (2011).
18) 井上 恭, ファイバー通信のための非線形光学, 森北出版 (2011).

2.3

エネルギー問題解決のホープ——太陽電池

2.3.1 はじめに

　低炭素社会の実現あるいは原発依存からの脱却を目指そうとすると，エネルギー消費を減少させるとともに，再生可能エネルギー（自然エネルギー）の利用を拡大させることが不可欠になる．再生可能エネルギーには，バイオマス，波力，地熱など多くのものがあるが，太陽エネルギーは風力とともに利用可能な潜在的エネルギー量が圧倒的に大きいことから，その中心的役割を担うことが期待されている．図2.3.1に欧州再生エネルギー評議会（ヨーロッパの再生可能エネルギーに関わる企業，研究機関で構成）が描く再生可能エネルギーの利用拡大のシナリオにおける発電に関するものを転載した[1]．このシナリオ

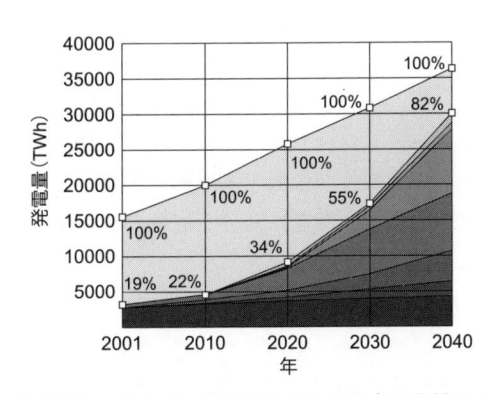

図 2.3.1 欧州再生エネルギー評議会による2040年に世界のエネルギーの半分を再生可能エネルギーに置き換えるシナリオの電力部分
内訳：上より従来法（化石燃料，原子力），太陽熱，地熱，太陽光，風力，バイオマス，小規模水力，大規模水力

は，2040年に再生可能エネルギーを世界の全エネルギーの約半分にまで引き上げることを想定しており，太陽光発電に対する期待の大きさが表れている．現状では，太陽光発電は風力に遅れをとっているが，近年，着実にその発電規模が増大している．設置された太陽電池の累積の定格発電容量は2000年に0.7 GWであったものが2012年に100 GWまで増大し，産業的にも太陽電池モジュールの総出荷額は2兆円を超える規模に達したと見積もられている．現在の太陽電池の急速な普及が今後も継続すれば，太陽光発電は低炭素社会を実現するためのホープとなることだろう．

しかし，一方では，現状の全世界の総発電量に占める太陽光発電量はおそらく0.5％程度しかなく，この割合を飛躍的に増大させるためには太陽電池の技術的課題の解決が求められる．太陽光発電の最大の問題は，発電コストが高いことである．現在の太陽電池による電力の単価は，家庭用の電力単価の1.5倍程度もするため，太陽光発電の普及は，さまざまな補助政策によって支えられている．したがって，太陽電池に関する研究の最大の目標は，いかに発電コストを下げることができるかということにある．

現状の太陽電池の約90％は結晶シリコン（Si）を用いたものである．それ以外に実用的に用いられている太陽電池に，薄膜Si系，CIGS系，CdTe系がある．研究中のものには，各種化合物半導体太陽電池，有機薄膜太陽電池，色素増感太陽電池，光電気化学太陽電池，量子ドット太陽電池などがある．その種類とともに動作原理も多様である．将来主役となる太陽電池の予測はむずかしく，太陽光発電の飛躍的拡大を目指して，各企業，研究者が，それぞれの思惑で研究開発に取り組んでいる．ここでは，それらを網羅的に取り上げることはできないが，太陽電池の開発の歴史，太陽電池用材料および基本原理を解説するとともに，将来の太陽電池開発に向けた研究例をいくつか紹介する．

2.3.2 今日につながる太陽電池研究・開発の歴史

太陽電池の起源として19世紀のベクレルによる光起電力効果の発見が挙げられることもある．しかし，電力を取り出せる実用的太陽電池としては，1954年にベル研究所で開発された結晶Si太陽電池が最初であろう[2]．同年に米国

空軍研究所の Reynolds らが CdS 太陽電池を開発したことも注目される[3]．これらの二つの太陽電池は，今日の実用太陽電池につながっている．

結晶 Si 太陽電池は，1958 年に人工衛星（Vanguard 1）に利用され，その有用性が実証された．当時の結晶 Si の値段がきわめて高かったことから，地上用途の利用は灯台などに限定されていた．しかし，多結晶基板を含めた太陽電池用 Si 基板の製造技術の進展および各種手法の導入による高効率化により，結晶系 Si 太陽電池は現在の太陽電池の主流として広く利用されるようになっている．さらなる低コスト化を実現するために，薄膜系 Si 太陽電池と呼ばれる，アモルファス Si および微結晶 Si を用いた太陽電池が開発されるとともに，結晶 Si と薄膜 Si を組み合わせた高効率太陽電池（HIT 太陽電池）も開発されている．

CdS 太陽電池は，CdS 焼結体あるいは薄膜によって低コストで製造できることから，地上用途に広く使われる可能性があるとして注目された．松下電器などにおいて，1960 年代から本格的な研究が始められ，やがてより高い変換効率が得られる CdTe 薄膜太陽電池が開発された．松下電池工業では，1985 年ごろから 10 年間ほど CdTe 薄膜太陽電池を，電卓用あるいは公園などの時計の電源用として製造していたとのことである．Cd の有害性への懸念から製造は中止されたが，2000 年代になって外国企業によって CdTe 薄膜太陽電池の製造が再開され，海外のメガソーラーなどで広く利用されるようになっている．近年利用が広がってきている CIGS 系薄膜太陽電池は，化合物半導体薄膜太陽電池として，CdS から始まる太陽電池の系譜のなかに位置づけることができる．宇宙用高効率太陽電池として研究が行われてきた GaAs 系太陽電池は，化合物半導体を用いているという点で，このグループに入れることができる．

これらとは別系統の太陽電池である有機系太陽電池に関係する研究は，有機物に電流が流れるのか，また，それが光合成などの生体現象と関係するのか，といった学術的な関心を背景にかなり古くから研究されていた．色素増感太陽電池は，そのような研究を背景に行われた筆者らの研究が最初のものである[4]．有機薄膜太陽電池は，有機 EL 素子を開発した Tang らによって，有機 EL 素子と同様の二層構造素子の良好な特性が示されたことが，今日の活発な

研究の引き金となった[5].

　Si 太陽電池と CdS 太陽電池に始まる二つの太陽電池の流れは，単元素半導体と化合物半導体，ホモ接合とヘテロ接合，さらには，光電流の主体が拡散電流とドリフト電流の違いなど，すべて対照的である．現在開発中の太陽電池の構造と動作機構のほとんども，この区分のいずれかに分類される．2.3.4 項において，これらの比較として，結晶 Si と CdTe 薄膜太陽電池の基本構造と，光電流発生過程を説明する．さらに，新たな可能性をもった有機系太陽電池として，有機薄膜太陽電池の構造と機構についても触れることにする．その前に，次項では，太陽電池に利用できる半導体材料について説明する．

2.3.3　太陽電池材料

　上記に触れた，現在の代表的太陽電池である，Si, GaAs, CdTe, $CuInSe_2$ の結晶構造は，それぞれダイアモンド構造（Si），閃亜鉛構造（GaAs, CdTe），カルコパイライト構造（$CuInSe_2$）である．いずれも面心立方を基本とした類似構造をとっている．これらの材料の構成元素を周期表で確認すると，Si の IV 族（現在の表記では第 4 族）を中心に，重心位置に保つようにしながら元素の種類を左右に開いた構成になっている（図 2.3.2）．GaAs, CdTe は，それぞれ III-V 族半導体，II-VI 族半導体である．$CuInSe_2$ は，II-VI 族半導体の II 族元素を I 族と III 族元素に置き換えた I-III-VI_2 族半導体となっている．さらに，$CuInSe_2$ 中の希少元素である III 族の In を II 族の Zn と IV 属の Sn で置き換えた $Cu_2ZnSnSe_4$ も同類の半導体である．

　太陽電池材料に求められる基本特性として，半導体のバンドギャップ（E_g）の大きさが 1.1～1.7 eV 程度であることが要件となる．この要請は太陽光スペクトルとのマッチングの関係から生じる．バンドギャップが小さくなると太陽光の長波長成分も吸収できるようになるため光電流は増大するが，得られる電圧が減少する．この光電流と電圧の兼ね合いから，最適バンドギャップは 1.4 eV 程度とされている．

　バンドギャップ 1.4 eV の半導体に対する太陽電池の理論変換効率は 30.8% とされている．その最大出力は，標準太陽光スペクトル（AM1.5, 100

2.3 エネルギー問題解決のホープ——太陽電池

	I B	II B	IIIA	IVA	VA	VIA
Si				Si		
GaAs			Ga		As	
CdTe		Cd				Te
CuInSe$_2$	Cu		In			Se(2)
Cu$_2$ZnSnS$_2$	Cu(2)	Zn		Sn		Se(4)

図 2.3.2 太陽電池に用いられる代表的な半導体とその構成元素

mW/cm^2) のうち吸収できる光子がすべて電流に変換された場合の光電流 (33 mA/cm^2) に，0.93 V の電圧 (E_g の 66% 程度) をかけたものに相当する．1.12 eV のバンドギャップを有する結晶 Si 太陽電池の場合には，理論変換効率は 27% 程度で，市販の太陽電池モジュールの変換効率は高いもので 20% 程度である．

Si 以外に，これまで述べた太陽電池用材料である CdTe, GaAs, CuInSe$_2$ のバンドギャップはそれぞれ，1.44, 1.42, 1.01 eV である．なお，化合物半導体では，構成元素を部分的に類似元素に置換することによりバンドギャップを調整することが可能であり，実際そのようにして用いられている．具体的には，CuInSe$_2$ に関しては，In を部分的に Ga に置換することにより，バンドギャップは 1.64 eV 程度まで調整可能であり，そのようにして作られる太陽電池は CIGS 太陽電池と呼ばれている．さらに，CuInSe$_2$ を構成している希少元素である III 族の In を II 族の Zn と IV 族の Sn で置き換え，Se を S で置き換えた半導体 Cu$_2$ZnSnS$_4$（CZTS，E_g=約 1.5 eV）は，安価で豊富な資源で構成できることから大きな関心を集めている．

上記の，バンドギャップに対する要請は，1 種類の半導体材料で構成する太陽電池に関するものである．タンデムあるいは多接合型と呼ばれる異種半導体材料を組み合わせた太陽電池では，利用できるバンドギャップの幅が広がる．そのような太陽電池では，まずバンドギャップが大きい半導体層で太陽光の短い波長成分を吸収させ大きな電圧を得て，この半導体層を通り抜けた長波長成分の光を下に配置したバンドギャップの小さな半導体で利用する．積層数を増やせば増やすほど，変換効率は上昇するが，製造上の技術的問題から現実的に

は2積層あるいは3積層であり，それぞれの場合の理論変換効率は42.9％，49.3％（非集光条件）とされている．エピタキシャル成長技術を用いて作製するInGaP/GaAs/InGaAsの三接合型太陽電池において非集光条件で36.9％の変換効率が報告され[6]，集光条件で動作した場合には40％を超えるとされている．積層構造は薄膜Si太陽電池においても利用され，アモルファスSi層と微結晶Si層（前者のE_gが大きい）を積層したタンデム型太陽電池が市販されている．

2.3.4　太陽電池の基本動作原理と変換効率

太陽電池の種類により動作原理に違いがあるが，代表的なものとして結晶Si太陽電池，CdTeなどの薄膜太陽電池および有機薄膜太陽電池について説明する．

a．結晶Si太陽電池

結晶Siは光吸収が間接遷移であるため，太陽光を有効に吸収させるために100 μm以上の厚さの基板が用いられる．この基板は通常p型半導体であり，表面よりリンなどを拡散させることで表面近くにp/n接合を形成する．n層の厚さは0.3 μm程度である．その外見と内部構造を図2.3.3に示した．

ほとんどの光吸収はp/n接合の空間電荷層の外側のp層内部で起こることになる．その領域では素子内に電場が存在しないため，光吸収で生じた少数キャリアである電子は拡散によって移動しp/n接合の空間電荷層の電場に捉えられて光電流となる．p型Si中の電子（少数キャリア）の拡散係数Dが30 cm^2/s程度であり，時間tの間の拡散距離が$(Dt)^{1/2}$で決まることから，高効率

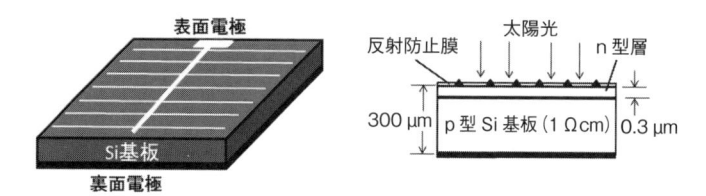

図2.3.3　結晶シリコン太陽電池の外観およびセル断面の内部構造

で光電流を発生させるためにはキャリア寿命が1ms程度以上であることが求められる．また，少数キャリアの移動行路に結晶粒界が存在するとそこで消滅する確率が高いため，多結晶基板の場合には結晶粒のサイズが1mm以上あることが求められる．つまり，高効率を得るためには高品位のSi結晶基板を用いる必要があり，このことが結晶Si太陽電池のコストが高くなる原因となっている．p層内部で生成した電子は，当然裏面電極方向にも拡散する．裏面電極にまで電子が到達すると，裏面電極に捉えられ消滅してしまう．この消滅を減少させるために，p層の裏面電極近くの領域のアクセプター濃度を高くすることが行われている（BSF構造）．このような構造では，この部分での伝導体位置が高くなるためその領域の電子濃度が減少し，裏面電極での消滅が抑えられる．また，フェルミレベルが価電子帯に近づくことにより，電圧を大きくする効果もある．

太陽電池の電流密度Jと電圧の関係は次式で与えられる．

$$J = J_0 \left\{ \exp\left(\frac{eV}{nkT}\right) - 1 \right\} - J_{sc} \quad (2.3.1)$$

J_0は逆飽和電流密度，nは接合の理想因子，kはボルツマン定数，J_{sc}は電圧0Vのときの光電流密度（短絡光電流密度）である．この式より，開回路電圧（電流0のときの電圧）は

$$V_{oc} = \frac{nkT}{e} \ln\left(1 + \frac{J_{sc}}{J_0}\right) \quad (2.3.2)$$

と与えられる．つまり，結晶Si太陽電池の電力さらには太陽電池特性は逆飽和電流密度に大きく依存している．この暗電流は主にはp層の多数キャリアである正孔がp/n接合部での障壁を越えてn層にまで拡散し電子と再結合することによって，あるいはp/n接合部のトラップ準位に捉えられて電子と再結合することによって生じる．

式（2.3.1）に，シリコンのバンドギャップから決まるJ_{sc}の上限値44 mA/cm^{2}を用い，J_0に現実的な単結晶Si太陽電池の値として10^{-12} A/cm^2，nに1（接合部における再結合がないときの値）を代入すると，図2.3.4のような電流—電圧曲線が得られる．その特性より，V_{oc}は0.635V，最大出力（網掛け部）は23.3W/cm^{2}となり，標準太陽光スペクトル条件（AM1.5，100

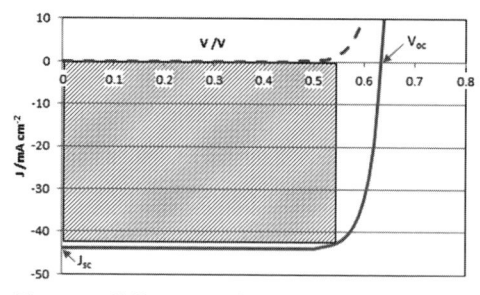

図 2.3.4 結晶シリコン太陽電池の電流—電圧特性

mW/cm^2) に対し，23.3% の変換効率となる．その最大出力条件での電圧は 0.555 V，光電流密度は $42\,mA/cm^2$ である．この出力最大時の電圧と電流の積を $V_{oc} \times J_{sc}$ で割って得られる値はフィルファクター（FF）と呼ばれ，この場合 0.83 である．現実の単結晶シリコン太陽電池の場合には，素子の直列抵抗などの影響により，FF は 0.75〜0.80 程度にまで減少し，J_{sc} も太陽電池表面での光の反射，電極による遮光，光不活性な n 層における光吸収などの原因で 10〜15% 程度低下する．そのため，変換効率は 17〜20% 程度になる．

 J_0 を小さくして変換効率を上げるためには，再結合中心となる不純物準位が少ない高品質の材料を用いることに加えて，p 層および n 層のフェルミレベルをそれぞれの価電子帯，伝導帯に近づける，つまり素子の内蔵電位を大きくする必要がある．後者のフェルミレベルの調整のためにはドーパント濃度を高くする必要があるが，このことは電荷の再結合を促進することになり，変換効率低下の原因にもなる．そこで，J_0 を小さくするための方法として，ドーパント濃度を電極近傍のみ高濃度にすること（上述の BSF 構造も含めて），また，p/n 接合部の面積を小さくするポイントコンタクト構造が採用されている．

b．無機薄膜太陽電池

 CdTe 太陽電池の光吸収層は p 型半導体である CdTe 多結晶膜である．素子は，透明電極付ガラス基板上に，n 型半導体である CdS 薄膜（0.1 µm 程度）を堆積し，その上に CdTe 膜（3 µm 程度）を堆積して作製する（図 2.3.5）．CdTe の光吸収は直接遷移であり，半導体膜厚は数 µm 程度でよい．したがっ

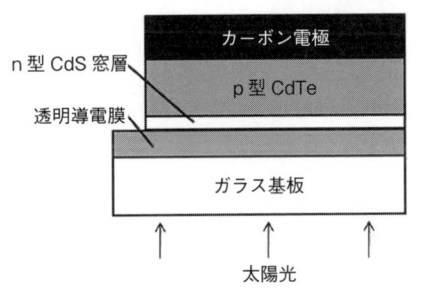

図2.3.5 の構造図内ラベル：カーボン電極／p型CdTe／n型CdS窓層／透明導電膜／ガラス基板／太陽光

図 2.3.5 CdTe 太陽電池の構造

て，光吸収の多くは p/n 接合の空間電荷層内あるいはその近傍の CdTe 層内で起こっていることになる．つまり，電流発生は p/n 接合付近の電場に助けられて起こっているため，少数キャリアの寿命がある程度短くても十分な光電流が得られる．そのため，低品位の半導体膜でも利用できるという利点がある．

　CIGS 太陽電池は，製造法が CdTe 太陽電池とは異なるが，動作原理としては基本的には同じである．アモルファス Si 太陽電池の場合も CdTe 太陽電池と状況は似ているが，ドーパント添加によって生じる欠陥の悪影響を避けるために，無ドープのアモルファス Si 層（i 層，intrinsic 層）を光吸収層に用いた pin 構造により，i 層内の電場を利用した電荷分離が行われている．なお，アモルファス Si は結晶 Si と比べて光吸収係数が飛躍的に大きいために薄膜太陽電池として用いられる．

c．有機薄膜太陽電池

　有機薄膜太陽電池は 10% を超える変換効率も報告されるようになり，実用化への期待が高まってきている．しかし，有機薄膜太陽電池の原理に関しては未解明の部分が多いのが現状である．

　有機系太陽電池が無機系太陽電池と原理的に大きく異なることの一つに，エネルギーバンドの代わりを分子軌道が担っていることが挙げられる．価電子帯に相当するのが，最高被占有軌道（HOMO）であり，伝導帯に相当するのが最低空軌道（LUMO）である．また，有機分子が光吸収することによって生

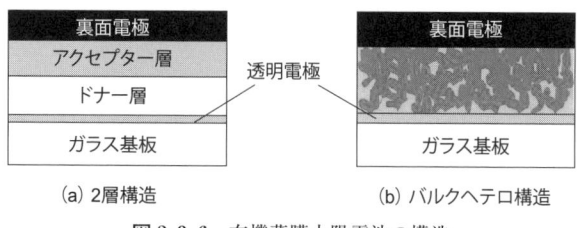

図2.3.6 有機薄膜太陽電池の構造

(a) 2層構造
(b) バルクヘテロ構造

（裏面電極／アクセプター層／ドナー層／透明電極／ガラス基板）

　じるのが自由キャリアではなく，分子の電子励起状態（フレンケルエキシトン）であることも，無機系太陽電池とは大きく異なる点である．分子の励起状態から電荷生成するためには，生成する正電荷と負電荷の間に生じるクーロンポテンシャルに打ち勝つ必要がある．とくに，有機物の比誘電率は4程度と小さいためにこのクーロン力が大きな作用をすることになる．そこで，この電荷の生成のためには，何らかのエネルギー的な駆動力が必要となる．有機薄膜太陽電池においては，その駆動力として，異なる材料（電子供与（ドナー）性材料および電子受容（アクセプター）性材料）の電子親和力の違いが利用され，その界面が電荷生成の場として用いられている（図2.3.6 (a))．無機半導体のp/n接合の場合には，この接合が素子内における内部電場の形成（つまり電圧発生）およびそれによる電荷分離のために働くが，有機材料の場合にはこのように界面の役割が異なっている．有機薄膜太陽電池においても必要となる素子内の内部電場は，二つの電極のフェルミレベル差が利用されていると考えられる．つまり，この二つの電極の役割はアモルファスSiのp層とn層の役割に類似している．

　有機/有機界面において電荷が生成した直後の状態においては，電子のエネルギーが電子供与体のHOMOと電子受容体のLUMOの差に相当する分だけ高められており，この差が発電の駆動力となる．経験的に，有機薄膜太陽電池の開回路電圧はHOMO-LUMO差から0.3 V程度を引いた値で決まるとされている．電荷取り出しのためには最低0.3 V程度は必要であると予想されることからほかの電圧ロスは存在しないことを示唆している．つまり，変換効率が高い有機薄膜太陽電池においては二つの有機物層/電極界面がともにオーミック接触的な接触をしていると想像される．また，有機/有機界面に生成した

電荷を電流として取り出すためには，生成した正電荷と負電荷の間のクーロンポテンシャルに逆らって電荷分離し，正電荷と負電荷を逆方向に輸送する必要がある．この分離と輸送（とくに分離）を有機層内に存在する0.3 V（開回路条件）程度の電位差で行うことは，単純な見積もりからは容易なことではなさそうである．しかし，実際に10%を超える変換効率が達成されていることから判断すると，有機層界面に生成した直後の電荷が高速に分離するための何らかの機構が存在していることが示唆される．このことおよび有機物層/電極界面の状態についての詳細は不明であり，今後これらが解明されることによりさらなる太陽電池特性の改善が実現されるかもしれない．

無機系太陽電池にはない有機薄膜太陽電池のもう一つの特徴は，励起子の拡散である．生成した励起子から効率よく電流を得るためには，励起子が上記の有機/有機界面に到達する必要がある．ところが，有機物中の励起子拡散距離は10 nm程度であるとされており，界面からこの距離内での光吸収でしか光電流が発生しないとすると，単純な平面的界面を有する素子では大きな光電流を期待できない．そこで，有機/有機界面近くの領域を増やすために，ドナー性材料とアクセプター性材料が入り組んだ構造（バルクヘテロ構造）が採用される（図2.3.6(b)）．しかし，ここでもまた問題が生じる．つまり，このようにランダムに入り組んだ場合，平均して半分の有機/有機界面は，電荷分離の方向と逆向きに配置していることになるが，そこでは効果的な電荷の分離が行えそうにない．10%を超える変換効率の有機薄膜太陽電池の内部構造は，図2.3.6(b)のようなランダムなものではなく基板面に垂直なカラム構造をとっているのかもしれない．種々の方法により，そのようなカラム状相分離構造を目指す研究も行われている．

2.3.5 太陽電池の低コスト化を目指した取り組み

最初に述べたように，太陽光発電の飛躍的な拡大のためには発電コストの低減が不可欠である．発電コストを決める主な要素は，変換効率，寿命，製造・設置コストであり，太陽電池の［変換効率］×［寿命］÷［製造・設置コスト］を従来の2倍以上にすることが求められている．寿命が重要であることは当然と

して，研究は発電を優先するか，コストを優先するかで分かれ道となる．量子ドット，GaAs系多接合太陽電池などは変換効率重視の方向になる．コスト低減を重視した方向の研究の代表は，有機薄膜太陽電池，無機薄膜太陽電池である．

無機薄膜太陽電池製造のためには，真空蒸着，スパッタリングなどの真空プロセスが用いられているが，製造設備の初期投資が大きい．また，原材料の利用率が低いなどの問題がある．これを，非真空プロセスに置き換えられれば，太陽電池の製造コストが大幅に引き下げられる可能性がある．以下には，無機薄膜太陽電池（CIGS，CZTSなど）の製造コストの大幅な低減を目指した研究を紹介する．これらの方法で作製された太陽電池の特性は，当初は真空法で作製されたものと比べて相当に見劣りしたが，近年その特性が大きく向上してきており，実用化も遠くないかもしれない．

a. 微粒子塗布法

あらかじめ調製しておいたCIGSなどの半導体微粒子を用いて塗布用のインクを調製し，基板上にコーティングした後，熱処理することで粒子成長させて薄膜を得る方法である．膜組成は調製した微粒子の組成で決まり，大面積量産化も容易である．原料となる微粒子粉末は，半導体微粒子を用いるほかに，Cu, In, Ga酸化物微粒子を出発原料として，基板上にコーティングした後，水素還元，セレン化を経てCIGS膜を得ることも可能である．

c. ヒドラジン溶液法

IBMが開発した方法で，ヒドラジンを溶媒に用いてスピンコートでCIGSやCZTS薄膜を成膜している[7]．CIGSの場合は，Cu, In, およびGaのセレン化物とセレンをヒドラジンに溶解させる．この液をスピンコートしてプレカーサー膜を形成し，熱処理を行うことでCIGS薄膜が得られる．熱処理することでCIGS薄膜の結晶粒が成長し，変換効率13%の太陽電池が得られている．同様の方法でCZTSでは9.6%の変換効率を得ている．

c. 電　着　法

　電気化学的に基板にプレカーサー膜を形成し，熱処理することで膜を得る方法で，CIS，CZTS系太陽電池に応用されている．やり方には二つの方法があり，一つは，構成成分の金属元素を順番に堆積させ，熱処理によって硫化（またはセレン化）を行い目的の薄膜を得るものである．もう一つは，セレン化合物を含む溶液中で電位をうまくコントロールして，一度に目的の薄膜（CISなど）を得たうえで，熱処理で結晶粒を成長させるものである．こうした方法でステンレス基板上にロールツーロール方式で作製されたCIGS太陽電池で，13.8％の変換効率が報告されている．

2.3.6　ま　と　め

　我が国においてもメガソーラーと呼ばれる太陽光発電施設が次々と建設され，太陽光発電の利用拡大が急速に進んできている．夏場の昼間の電力不足対策などに太陽光発電が活躍するようになることだろう．しかし，太陽光発電によって既存方式の発電の相当の部分を置き換えようとすると，太陽光発電の発電コストの高さという困難な課題が立ちはだかることになる．この問題を解決するためには，太陽電池の構造，特性および製造法における革新的進展が必要であろう．それなしには低炭素社会実現に向けたシナリオ（図2.3.1など）も絵に描いた餅になってしまうかもしれない．多くの研究者の英知が結集されて，1日も早くその革新的進展が達成されることを願ってやまない．

［原田隆史・松村道雄］

参考文献
1) http://www.erec.org/media/publications/2040-scenario.html
2) D. Chapin, C. Fuller and G. Pearson, *J. Appl. Phys.*, **25**, 676（1954）.
3) D. Reynolds, G. Leies, L. Antes and R. Marburger, *Phys. Rev.*, **96**, 533（1954）.
4) H. Tsubomura, M. Matsumura, Y. Nomura and T. Amamiya, *Nature*, **261**（1976）.
5) C. W. Tang, *Appl. Phys. Lett.*, **48**, 183（1986）.
6) http://www.nedo.go.jp/news/press/AA5_100061.html
7) T. K. Todorov, K. B. Reuter and D. B. Mitzi, *Adv. Mater.*, **22**, E156（2010）.

3 光で操る・光を操る世界

3.1 光エネルギーを用いた化学変換——有機光反応

3.2 光触媒——光エネルギーを化学に活かすキーマテリアル

3.3 レーザーによるイオンの冷却

3.4 光の波長を変える非線形光学結晶

3.1 光エネルギーを用いた化学変換——有機光反応

本節では，前章までに述べられたような光の物理的側面ではなく，光エネルギーを利用した物質変換，すなわち光化学反応について述べる．光化学反応を効果的に用いれば，一般的な有機合成反応（いわゆる熱反応）では得ることの難しい複雑な化合物を，短いステップで容易に合成できる可能性がある．また，光化学反応のもつ異なる側面として，日常生活を支える化学変換反応としても重要であることを忘れてはならない．ここではこれらすべての例を網羅することは難しいが，光反応による化学変換のうち，身近にみられるいくつかの典型例を示しながらその多様性，有用性を概観する．

3.1.1 概　　観

光照射により高エネルギーを得た化合物は，励起状態という通常とは異なるポテンシャル面上を活発に動き回る．化学変換反応において，多様性という面で，このことが決定的な役割を果たす．これら励起種は短寿命ではあるが，光増感や電子移動，エネルギー移動，エキシマーやエキシプレックス形成，一重項，三重項といったスピンの使い分けなどさまざまな方法で制御可能であり，任意の化学変換へと導くことが可能となる．また，熱反応では反応の行える温度範囲にはかなりの制約があるが，光反応では極低温から高温まで適応温度範囲が広く，反応の起こる温度を変化させることでも反応選択性を制御（エントロピー制御）することが可能となる．このように光励起状態を経由する化学反応においては，高歪化合物など，熱反応では得ることが困難な複雑な化合物を直接得ることができるというだけではなく，反応を多角的に制御可能という利点を有する．

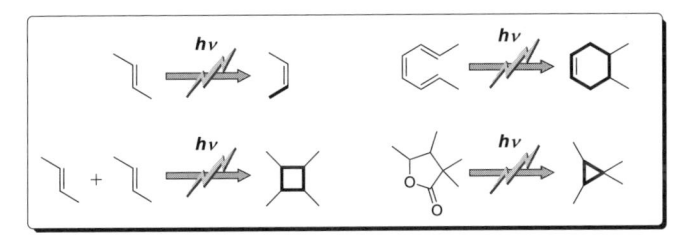

図 3.1.1 本節で述べる典型的な光化学変換反応のスキーム
（左上）光異性化，（左下）光環化付加，（右上）電子環状化，（右下）光脱離反応

　本節では，4種類の典型的な光反応のなかから，興味深いいくつかの反応例をピックアップし，反応タイプ別に概観しよう．まず，身近な化学としてどのような光反応が利用され，どのように役立っているか，また光反応がどのように合成反応へと応用されているか，を簡単に紹介する．さらに，最近の超分子光反応，キラル不斉合成への応用に関しても触れる．本書では紙面の都合上，専門的な部分を多分に省略して紹介せざるを得ないが，興味がわいた読者におかれては，参考書[1-3)]を挙げておくので適宜利用いただきたい．

3.1.2 光異性化

　二重結合まわりの光異性化は，光反応におけるもっとも基本的な変換反応の一つといえる．熱反応では，一般に熱力学的に安定なトランス体（E-体）が優先して得られるが，光反応においては励起波長や光増感など条件をうまく選ぶことでシス体（Z-体）を優先して得ることが可能となる．たとえば無置換スチルベンや4-ハロゲン置換スチルベンの313 nm 光での直接光励起では，Z/E 比はおおよそ9：1程度となり，光異性化反応がシス体合成に効果的であることが知られている．また興味深いことには，1,2-ジフェニルプロペンの光異性化においては，増感剤の種類によってその生成比が大きく変化する．すなわち，アセトフェノンを増感剤として用いた場合，光定常状態での生成物比は $Z/E=54：46$ に過ぎないが，デュロキノンを増感剤とすると $Z/E=90：10$ とシス体を優先的に生成する．一方，エオシン色素を増感剤とすると $Z/E=11：89$ とトランス体優先となる．また，分子内電荷移動型の 4-メトキシ-4′-

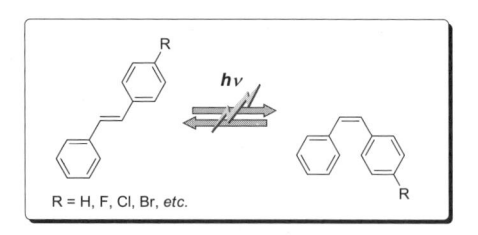

図3.1.2 スチルベンの光異性化

ニトロスチルベンでは，石油エーテル中，直接励起（366 nm）すると$Z/E=$91：9となるが，極性溶媒であるジメチルホルムアミド中では$Z/E=17：83$と選択性が反転することが知られている．つまり，シス-トランスの光異性化はさまざまな反応条件によって大きく生成比を変化させることが可能である．以下に，このような光異性化が生体反応においてどのように用いられているか，合成化学的にはどのような興味がもたれているかを述べる．

a. 光活性黄色タンパク質

光活性黄色タンパク質（Photoactive Yellow Protein，PYP）は，紅色光合成細菌が光から離れていくという行動（負の光走性という）をつかさどるシグナル受容体である．このタンパク質は125残基からなる小さな水溶性タンパク質であるため，光応答性タンパク質の光反応ダイナミクスの研究に広く利用されている．本タンパク質の応答メカニズムでは，4-ヒドロキシ桂皮酸誘導体のト

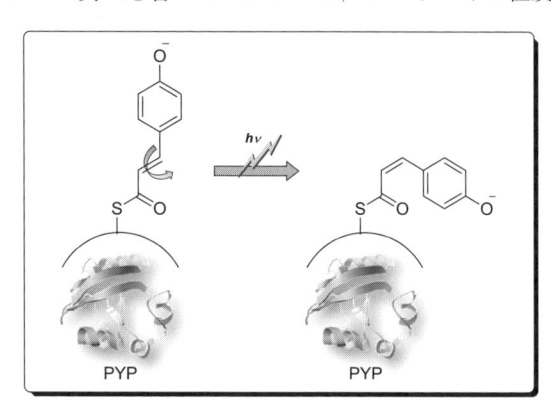

図3.1.3 光活性黄色タンパク質で鍵反応となる光異性化反応

ランス-シス光異性化が鍵段階となっている．光異性化によりタンパク質表面で桂皮酸部位の形状の変化が起こると，静電相互作用および水素結合様式を変化させることとなり，最終的にバクテリアに朝の到来（光の照射）を知らせることとなる．以降の連続する化学反応で鞭毛に情報が伝達されることとなるが，その光情報伝達過程については，まだ不明な点が多く今後の研究が待たれる．

b. ロドプシン

動物，とくにヒトが視覚から授かる恩恵ははかり知れない．視覚にかかる器官，網膜（retina）は文字通り光化学的な器官であり，照射された光エネルギーをニューロンに沿って伝達し電気的な信号に変換するという働きを有する．光の第一受容体であるタンパク質は，生物進化的にみてもかなり初期の段階で出現したことが知られており，すべての動物で同一の構造を有することが明らかとなっている．これは生体活動における視覚の重要性をも示している．

網膜にはオプシン（opsin）と呼ばれるタンパク質のリジン残基に11-*cis*-レチナール（retinal）分子が結合したロドプシン（rhodopsin）が存在する．光励起により11-*cis*-レチナールはπ-π^*励起状態となり，200 fs というきわめて短時間で，さらに選択的に，all-*trans*-レチナールへと変換される．すなわち，

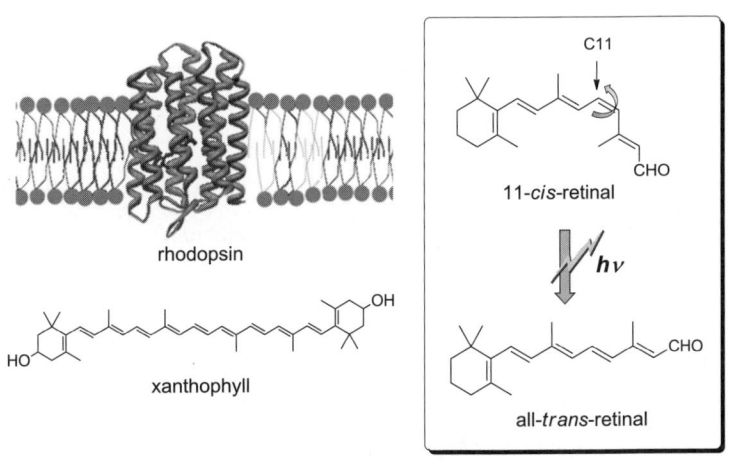

図3.1.4　（左上）脂質に取り込まれたロドプシンの構造．レチナールはオプシンと呼ばれるタンパク質（中央部のらせん構造に該当）の内包でリジン残基とシッフ結合している．（右）レチナールの光異性化．（左下）キサントフィルの構造

視覚に関与する基礎反応は，きわめて単純なシス-トランス（Z-E）光異性化反応であることがわかる．異性化の可能な二重結合が多数存在するなかで，11-cis-位のみが $trans$-体に異性化され，さらにその変換の量子収率が67％にも達することは驚異的であり，視覚器官の神秘でもある．この構造変換で生成する all-$trans$-体は直線状であり，オプシン内でより大きな体積を占めるようになって活性化され，おおよそ 0.5 ms 後までには電気的な信号として伝達されることとなる．なおロドプシン前面には，カロチン状のキサントフィル（xanthophyll）と呼ばれる色素が覆っており，像の鮮鋭化や過剰な光子からの防衛に役立っている．結果，約 57％の光子のみが網膜に到達する．なお，レチナールがカロチンの半分の構造と類似している点は，生物学的にみて興味深い．このような光化学反応プロセスに関する研究（視覚の化学的生理学的基礎過程に関する発見）に対してグラニト，ハートライン，ワルド（Granit, Hartline, Wald）の3名に1967年ノーベル生理学・医学賞が与えられている．

c. ビリルビンと黄疸

　血液中の赤血球（erythrocyte）のなかにはヘモグロビン（hemoglobin）と呼ばれるタンパク質があり，その主要構成物の一つとしてヘム（heme）がある．ヘムは四つのピロール環（テトラピロール）からなり，環状に鉄イオンを囲みこむような構造（ポルフィリンと呼ばれる）を有している．循環血液中，損傷を受けたり古くなったりした赤血球は脾臓中のマクロファージによって取り除かれるが，その際，ヘムは段階的に分解される．ヘムはヘム酸素添加酵素により中心の金属鉄を失った鎖状のビリベルジン（biliverdin）に分解される．次いでビリベルジン還元酵素によりビリルビン（bilirubin）と呼ばれる鎖状のテトラピロールに還元される．ビリルビンは図 3.1.5 に示したように，通常，4-位と11-位がともにシス体となっており，強固な6か所の分子内水素結合によって難溶性となる．過剰のビリルビンは血漿中のタンパク質であるアルブミンによって肝臓に運ばれ，さらなる過程を経て胆汁や尿として分泌される．しかし，このメカニズムに支障をきたすと身体にビリルビンが蓄積することとなり，眼球や皮膚といった繊維組織や体液が黄色く染まる，いわゆる黄疸と呼ばれる炎症を引き起こす．

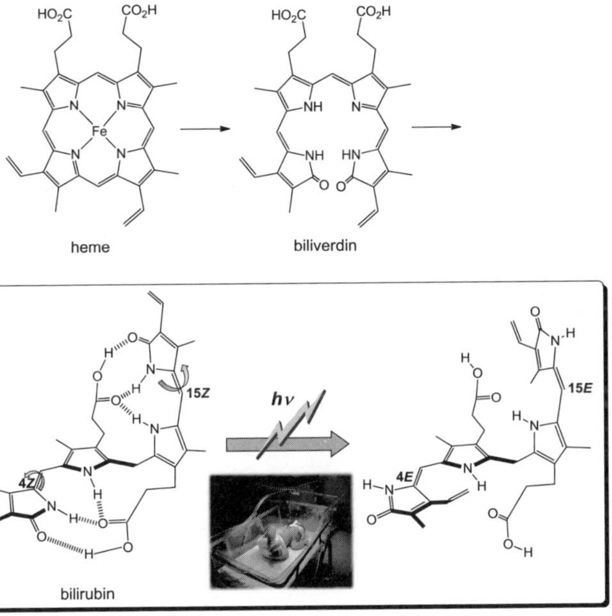

3.1 光エネルギーを用いた化学変換——有機光反応

図3.1.5 （上）ヘム→ビリベルジン→ビリルビンの構造と分解経路．（下）黄疸の原因物質であるビリルビンの光異性化．写真は新生児黄疸の光線療法

　新生児は代謝が活発なために，赤血球の分解も多く，ビリルビンも多く生成される．一方で，排出する仕組みが未熟なために黄疸となりやすい．新生児の黄疸（ビリルビン血症）を治療する方法に，人工的に紫外線を作り出して照射する光線療法が用いられている．新生児に光を照射すると，体内のビリルビンの2か所の二重結合にシス-トランス（Z-E）異性化が起こりうる．このビリルビン異性体においては分子内水素結合が失われ，もとのビリルビンより水溶性が高まることとなり，炎症の要因であるビリルビンの排出が促進されると考えられている．なお，黄疸の新生児に太陽光を浴びさせることが病状改善に有効であることはイギリスのローチフォード病院のワード（Ward）看護婦長の観察によって，古く1950年代に明らかとされているが（ワードは光線療法の生みの親と呼ばれている），現在では実際の治療には副作用の少ない470〜620 nmのグリーンライトが用いられることが多い．

d. シクロオクテンの不斉光異性化反応

　有機合成のなかでも，鏡像体（エナンチオマー）を作り分ける，いわゆる不斉合成はもっとも興味深く挑戦的なテーマの一つである．不斉合成を光化学的に達成しようとする試み，いわゆるキラル光反応は近年活発に研究が進んでいるが，対応する熱反応での成功例に比較して不斉収率の観点でまだまだ発展途上の段階にあるといってよい．このような背景には，励起種が短寿命であり，より精密な反応制御が必要なことが挙げられる．ここではそのようなキラル光反応に挑戦した先駆的な一例としてシクロオクテンの不斉光異性化反応に関して紹介する．生成するキラルなシクロオクテンは老化，熟成に関与する植物ホルモンであるエチレンの阻害剤としての働きを示す．

　先に示したスチルベンなどとは異なり，環状のオレフィンでは，トランス体よりシス体の方が熱力学的に安定である．たとえば8員環のシス（Z-）シクロオクテンは容易に得られるが，熱反応でトランス体（E-体）を得るためには多段階で合成する必要がある．光反応を用いれば，直接，または増感により容易に1段階でトランス体を得ることが可能となる．通常，トランスシクロオクテンはラセミ体（エナンチオマー対の1：1混合物）として生成するが，増感剤にキラル化合物を用いることで，中間体として生じる両者のエキシプレックスにエネルギー差を生じさせることが可能となり，生成物としてどちらか一方のエナンチオマーを優先して生成することが可能となる．2分子間で生じるエキシプレックスは励起状態で生じる短寿命の錯体であり，高い不斉収率は期待できないが（初期の例ではエナンチオマー過剰率は4％），シクロデキストリンなどのホスト分子に包摂し，超分子錯体を形成することでキラル情報の伝

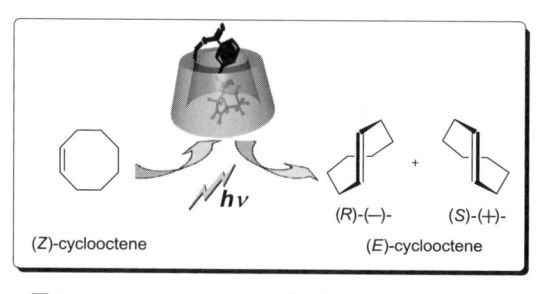

図3.1.6　シクロオクテンの超分子光不斉異性化反応

達をより効果的に行うことができる．このような，いわゆる超分子光不斉合成によって，トランス体のエナンチオマー過剰率を50％程度にまで向上させることが可能である．さらに最近ではさまざまな反応条件を選択することで立体選択性が90％程度にまで到達することが明らかとなっており，今後の展開が期待される．

3.1.3 環化反応

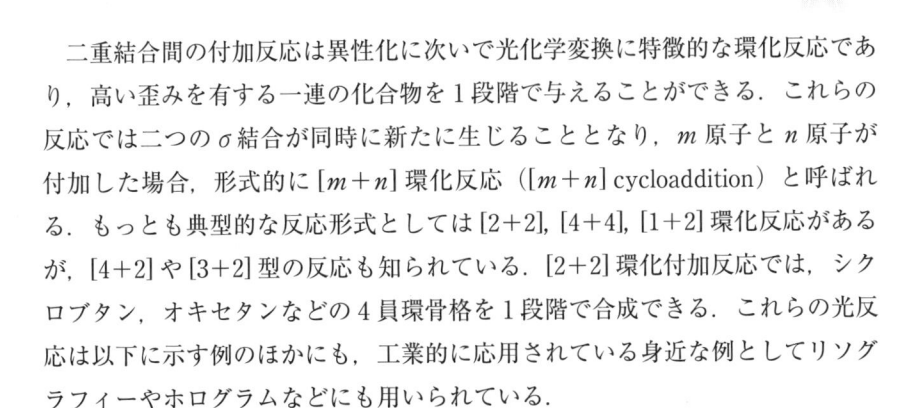

　二重結合間の付加反応は異性化に次いで光化学変換に特徴的な環化反応であり，高い歪みを有する一連の化合物を1段階で与えることができる．これらの反応では二つのσ結合が同時に新たに生じることとなり，m原子とn原子が付加した場合，形式的に[$m+n$]環化反応（[$m+n$] cycloaddition）と呼ばれる．もっとも典型的な反応形式としては[2+2], [4+4], [1+2]環化反応があるが，[4+2]や[3+2]型の反応も知られている．[2+2]環化付加反応では，シクロブタン，オキセタンなどの4員環骨格を1段階で合成できる．これらの光反応は以下に示す例のほかにも，工業的に応用されている身近な例としてリソグラフィーやホログラムなどにも用いられている．

a．DNAの光損傷，修復

　通常，紫外線B波（UVB，290〜320 nm）は成層圏内のオゾン層によって除外されるが，その一部，とくにオゾン層の破壊が進んだ地域では，これらの放射線が生態系へと直接降り注ぎ，生体内の核酸やアミノ酸に吸収され損傷を受ける．一般にDNA塩基は光励起されてもその一重項励起状態が1 ps以下と短寿命であり，すぐに失活することとなるため損傷は起きにくいが，ピリミジン塩基（pyrimidine base）が隣接する部位では比較的容易に損傷が起きうる．主たる反応はピリミジン残基（図ではチミン，thymine）の[2+2]光環化付加反応であり，主たる生成物として，2か所の炭素-炭素結合が生成するシクロブタンダイマーとパテルノビュッヒ型のオキセタン形成に由来する6-4光産物がある．これらの生成物のうち前者が直接細胞死を引き起こすもので，後者がDNAの突然変異，さらにその結果として染色体の不安定化，ひいては腫

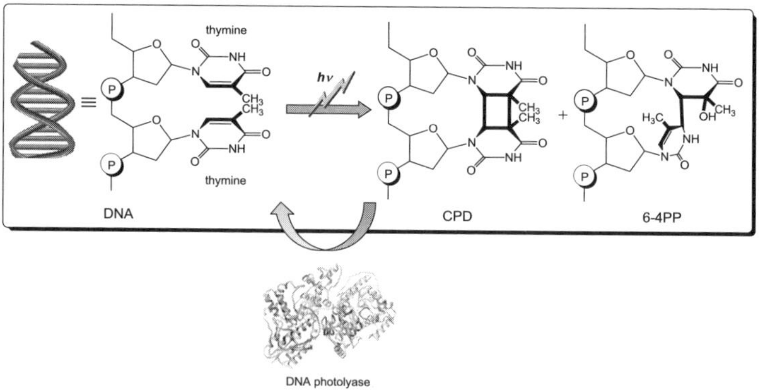

図3.1.7 DNA光損傷で生じる2種類のチミンダイマーの構造
シクロブタン型ピリミジン二量体（Cyclobutane Pyrimidine Dimer, CPD）と6-4光産物（6-4 Photo Product, 6-4PP）

瘍を生じる原因となることが明らかとされている．

　DNA分子の損傷は，細胞のもつ遺伝情報の変化あるいは損失をもたらすだけでなく，DNA自身の構造を劇的に変化させることでそこにコード化されている遺伝情報の読み取りに重大な影響を与える可能性がある．通常このような異常が生じた場合，複数の酵素反応によってすぐに修復されることとなるが，ピリミジンダイマーにおいては光エネルギーを利用した逆反応で修復するメカニズムも存在する．DNAホトリアーゼ（DNA photolyase）はこれらのピリミジンダイマー部位に相補的に結合して，可視光の働きにより修復を促す．

b. 乾癬の光化学的治療

　乾癬（psoriasis）とはとくに白人に多くみられる慢性の皮膚角化疾患である．典型的には赤い発疹が出現し，その上に皮膚上皮の角質細胞が白色となって剥がれ落ちる．現在では，これらの治療にソラレン（psoralen）を用いた光線療法が用いられている．ソラレンを内服後に紫外線A波（UVA，315〜380 nm）を照射すると，乾癬細胞の増殖を抑えることとなり症状が緩和されるとされるが，ソラレンとチミンとの[2+2]光環化付加反応のほか，一重項酸素の発生，ピリミジン塩基へのインターカレーション，タンパク質や脂質膜，酵素などの必須分子との反応が誘導され，これらの作用が複合的に働くとされて

図3.1.8 ソラレンを用いた乾癬の光線療法とその光環化付加反応生成物

いるが，詳細な炎症低減の機構は明らかとはなっていない．最近では患部のみに当てられるターゲット型紫外線治療器が登場し，安全性と効果の高さから注目されている．

c．アントラセンのキラル光二量化反応

アントラセンは光照射により容易に[4+4]環化付加反応を引き起こし，興味深い構造を有するアントラセンダイマーを生成する．置換アントラセン（図

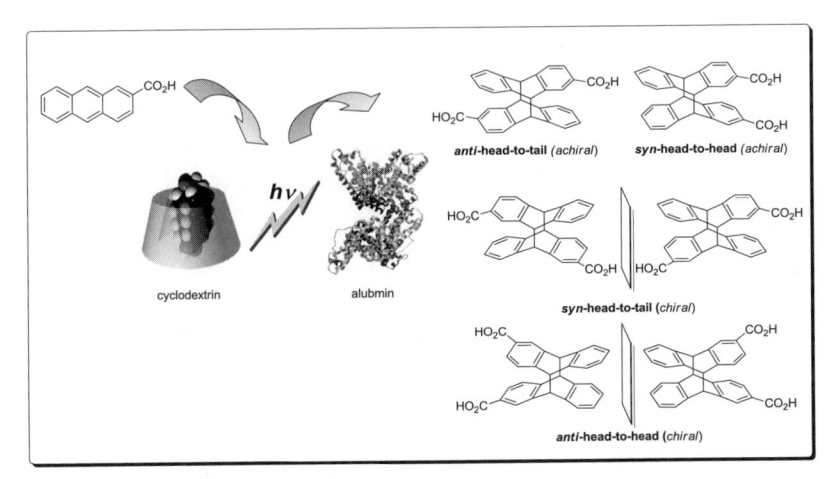

図3.1.9 2-アントラセンカルボン酸の不斉光二量化反応
光照射によって2種類のアキラルなダイマーと2組（4種類）のキラルなダイマーが生成する

3.1.9 では 2-アントラセンカルボン酸での例）においてはキラルな生成物を含む合計 6 種類の二量体生成物が得られるが，ジアステレオマー，エナンチオマー間での生成物選択性の制御は容易ではない．キラルな配位構造を有する有機化合物をテンプレートとして用いたり，シクロデキストリン空孔や，アルブミンなどのタンパク質の疎水空間を利用したりすることでその不斉効率を高めるような研究が精力的になされている．

3.1.4 電子環状化反応

光環化反応の特殊な例として，σ 結合が一つだけ生成するような電子環状化反応（electrocyclization）が知られている．たとえば，スチルベンの光反応においては先述の光異性化と並行して 6 電子環状化反応（6π-electrocyclization）と呼ばれる変換反応が起こる．この反応では，シススチルベンの一重項 π-π^* 励起状態から，軌道対称性から許容である同旋的（conrotatory）な環化によりトランスジヒドロ体が生成する．反応は可逆であるが，酸素やヨウ素などの酸化剤が共存すれば対応する多環式芳香族化合物（フェナントレン類）をほぼ定量的に与える．

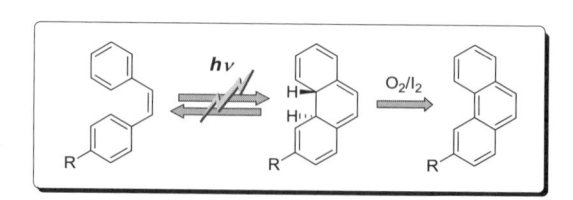

図 3.1.10　スチルベンの電子環状化反応

a. ビタミン D の光化学

ビタミン D（vitamin D）は脂溶性ビタミンの一種であり，植物に多く含まれるビタミン D_2（エルゴカルシフェロール）と動物に多くヒトで重要な役割を果たすビタミン D_3（コレカルシフェロール）に分けられる．ビタミン D_3 はカルシウムやリンの取り込みに関連する重要な生体物質であり，食事を通しても摂取可能ではあるが，一般に光反応によって皮膚細胞内で生成して不足分を

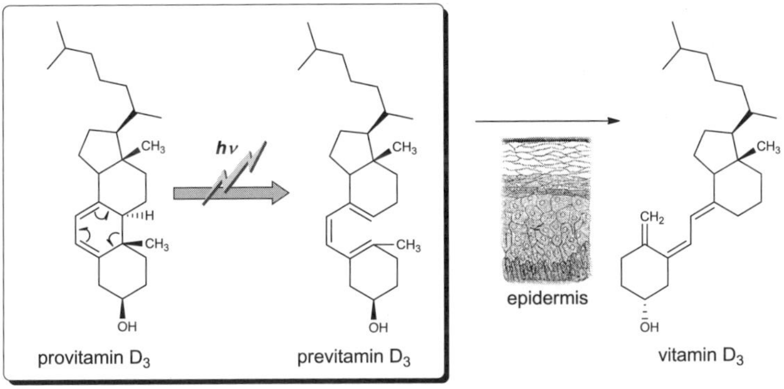

図 3.1.11　ビタミン D の化学と関与する光反応

補う必要がある．日照不足，日光浴不足などでビタミン D_3 が欠乏すると骨のカルシウム沈着障害が発生し，ひどい場合にはくる病，骨軟化症，骨粗しょう症が引き起こされることが知られている．なお，ビタミン D の化学構造の解明は 1928 年にノーベル化学賞を受賞したヴィンダウス（Windaus）によってなされている．

　皮膚上にはコレステロールが代謝を受けて生成したプロビタミン D_3 （provitamin D_3）が存在するが，ドルノ線と呼ばれる紫外線（290～315 nm）を受けるとステロイド核の B 環が開き，プレビタミン D_3（previtamin D_3）となる．この光反応は 6 電子環状化反応の逆反応である．プレビタミン D_3 は続く自発的熱異性化反応（アンタラ面型 [1,7] シグマトロピック水素転位反応）によりビタミン D_3 へと変換される．

b.　フォトクロミズム

　フォトクロミズムとは光照射によって色調の変化が可逆的に進行する現象であり，調光材料，光記録材料，光スイッチ，機能性インクなどさまざまな分野で応用研究が進められ，一部実用化も進んでいる．有力な化合物としてジアリールエテン誘導体があり，高い熱安定性，繰り返し耐久性を有している．図 3.1.12 に示したジアリールエテンの溶液（open form）は紫外光の照射により 6 電子環状化反応が起こり，結果として赤色に変化する（closed form）．この赤色化合物は可視光の照射により速やかに逆反応を起こし無色に戻るが，この

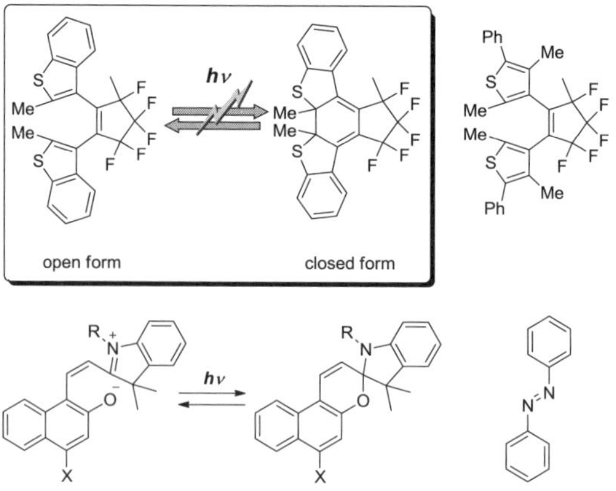

図 3.1.12 フォトクロミズムを示す分子の一例
（上）ジアリールエテン，（下）スピロピラン類縁体とアゾベンゼン

可逆反応は1万回以上の繰り返し耐久性を示す．また，少し構造の異なる右図の化合物の結晶は青色のフォトクロミズムを示すが，このように構造の調整によって色調の制御も可能となっている．しかもこれらのジアリールエテン類の光閉環反応量子収率は限りなく1に近く，きわめて効率的なフォトクロミック反応を示す．電子環状化反応に限らず，さまざまなタイプの光変換反応を利用したフォトクロミズム系が数多く知られており，精力的に研究されている．図にその一例を示した．

c．ヘリセン

このような6電子環状化反応は特徴的な旋光度，円二色性（キロプティカル特性という）を有するヘリセン誘導体の合成にも適用可能である．たとえば図3.1.13に示した[7]ヘリセンの合成が対応するオレフィンの2か所の同時環状化反応により，14%という高い収率で得られている．また，不斉収率が0.5%と低いため合成化学的な価値は高くないが，生命界の不斉の起源に関連する研究として，円偏光（Circularly Polarized Light，CPL）の照射によるヘリセンの絶対不斉合成が報告されている．

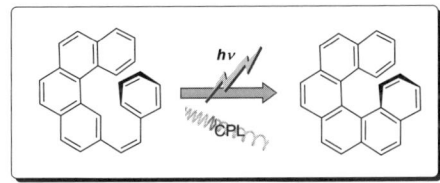

図 3.1.13 らせん構造を有するヘリセンとその光合成
（上）[7]ヘリセンの合成，（下）円偏光による[6]ヘリセンの不斉合成

3.1.5 その他の光反応

　本節では紙面の制限上述べることができなかったが，このほかにもシグマ転位，ジパイメタン転位，光誘起求核付加反応，光酸化，還元反応，芳香族化合物の光転位（置換基の位置の交換），および置換反応などさまざまな光変換反応が知られており，その応用研究が活発になされている．たとえば工業的にはナイロン合成の原料となる光オキシム化が実用化されている．また，直接的な変換反応とはいえないが，光合成の初期過程に関連する電子移動反応やエネルギー移動反応などは光化学反応においてきわめて重要な過程であり，精力的な研究が進んでいる．ここでは最後に光分解反応に関して数例を述べ終わりとしたいが，これまでに述べたように光反応は日常生活に密接に関わっており，また実に多様であることがわかっていただけたかと思う．このような光変換反応に関する研究の今後のさらなる発展が期待されるところである．

a．ビールの光による劣化

　ビールの保存状態が悪いと嫌な匂いを生じることはよく知られている．ビールの苦みと芳香の主成分は，アサ科つる性宿根植物の雌株未受精の花（毬花^{きゅうか}）

図 3.1.14 (左) ビールの芳香のもとであるイソフムロン類の光分解. (右) ホップとルプリン

のルプリンと呼ばれる黄色の粒内に含まれる成分であり，ホップと呼ばれる．ビール製造の際，煮沸した麦汁にホップを加えると，成分のα酸（フムロン）はイソフムロン（isohumulone）に変換される．通常，ビールは褐色瓶に保存されるが，耐光性のない状態で放置されると，芳香成分のイソフムロン類は共存するアミノ酸のシステイン（cystein）とともに光解離を起こし変性することとなる．イソフムロン類はそれ自身では可視光領域に光吸収帯を有さないので，リボフラビン（riboflavin）などが光増感の役割を担っているものと考えられている．

b．抗がん剤のリアルタイムモニタリング

最近，3-ペリレンメタノール誘導体のナノクラスターがドラッグデリバリーシステム（Drug Delivery System，DDS）として注目されている．ドラッグデリバリーシステムとは薬物を体内の希望した部位（すなわち患部）に，量的にも時間的にも狙い通りに伝達する技術のことである．ヒーラ細胞（HeLa

図 3.1.15 ドラッグデリバリーシステムに用いられている 3-ペリレンメタノール誘導体 光照射により薬物放出するのみでなく，細胞内でのリアルタイムモニタリングにも利用される

cell）を用いた試験管内の実験で，3-ペリレンメタノールに結合した試薬が細胞内に取り込まれるとともにターゲット部位に運搬され，光照射によって薬物を目的部位に放出可能であることが確認されている．さらには本試薬が，細胞の蛍光観察や薬剤放出のリアルタイムモニタリングにも同時に有効であることが明らかとなっており，今後の実用化が期待される．

c. 不斉光脱炭酸

エステルの光脱炭酸反応は協奏的な反応機構で進行する．すなわち，キラルなアルキル残基を有するメシチルエステルの光照射においては，アルキル基の立体が完全に保持されたまま脱炭酸反応が進行する．これらの反応は，いずれの溶媒中でも，また，ポリエチレン中などの超分子反応環境下でも常にキラリティーが保持されるため，合成化学的にみても有用な変換反応の一つとなっている．

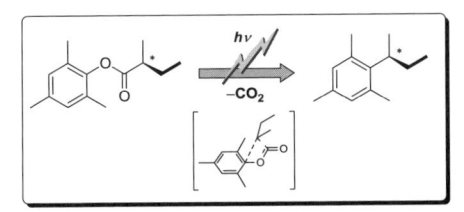

図 3.1.16　光脱炭酸反応
反応は協奏的メカニズムにより完全な立体保持で進行する

［森　直］

参考文献
1) N. J. Turro, V. Ramamurthy and J. C. Scaiano, *Modern Molecular Photochemistry of Organic Molecules*, University Science Books（2010）．
2) P. Klán and J. Wirz, *Photochemistry of Organic Compounds*, Wiley-Blackwell（2009）．
3) 井上晴夫，高木克彦，佐々木政子，朴　鐘震，光化学 I，丸善（1999）．

3.2 光 触 媒
——光エネルギーを化学に活かすキーマテリアル

3.2.1 光触媒反応とは

太陽から降り注ぐ光エネルギーの利用技術は，持続可能な社会実現のために不可欠である．光エネルギーの利用には，光線を吸収して，電子がエネルギーの低い状態（基底状態）から高い状態（励起状態）に光励起（photo-excitation）される光応答性材料が利用される．励起状態の電子のエネルギーを電気エネルギーとして利用するデバイスが太陽電池である．一方，励起状態のエネルギーを用いて化学反応を行うこともでき，光化学反応（photo-reaction），光触媒反応（photocatalytic reaction），光増感反応などがこれに該当する．このなかで，主に固体の半導体（semiconductor）を光応答性材料として，光励起によって生成した電子（electron）と正孔（positive hole）で化学物質の還元反応（reduction）ならびに酸化反応（oxidation）を行うものが光触媒反応である．

3.2.2 光触媒反応のメカニズムと特徴

半導体結晶を構成する原子の数が大きくなると，構成原子の軌道をもとにして電子の入るバンド（帯）構造が形成される．電子で満たされたもっともエネルギーの大きい準位にあるバンドを価電子帯（valence band），それよりエネルギーの大きい準位にある電子が入っていないバンドを伝導帯（conduction band）と呼ぶ（図 3.2.1）．両者の間は禁制帯と呼ばれ，ここには電子の入る軌道は存在しない．ここで，価電子帯の電子が伝導帯まで励起されるためのエ

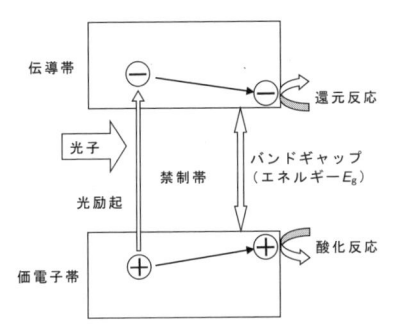

3.2 光触媒——光エネルギーを化学に活かすキーマテリアル

図 3.2.1 半導体のバンド構造と光励起

ネルギーが外部より与えられると，電子が伝導帯に移動し，価電子帯には正孔（電子の抜けた孔）が残る．励起に必要な最小のエネルギーは禁制帯のエネルギー幅（バンドギャップエネルギー，E_g）に相当する．光照射によって励起を行う場合，光のエネルギー E は波長 λ で決まるため，$E=hc/\lambda$（h はプランク定数，c は光速）の関係より $\lambda(\mathrm{nm}) < 1240/E_g(\mathrm{eV})$ の関係を満たす場合に電子の励起が可能となる．また，照射する光子の量を増加させると，励起される電子の量を増やすことができる．

　励起状態は不安定であるため，電子は励起エネルギーを放出して正孔と再結合し失活したり，あるいは半導体結晶の分解を引き起こす場合もある．しかし，電子と正孔がうまく分離され，半導体の表面に移動できれば，励起電子による還元反応，正孔による酸化反応が実現できる．これが光触媒反応のメカニズムである．電子・正孔が表面での化学反応により消費されると，半導体結晶はもとの状態に戻る．このため，光触媒は通常の触媒と同じように反応の前後で変化しない．一方，光子は電子の励起のために吸収され消費される．このとき，基底状態よりも還元力の大きい電子と酸化力の大きい正孔が生じるため，反応ギブズエネルギーが正の反応，すなわちエネルギー蓄積型の反応が可能である．通常の触媒反応では熱力学的に自発的に起こる反応の速度を増大させることと比較して，光触媒反応では光子のエネルギーを化学エネルギーに変換できる点が大きく異なる．また，光触媒反応は基本的に温度の影響を受けないため，常温，さらには低温での反応も可能であり，熱反応による副反応を抑制することができる．さらに，光照射を止めると光触媒反応は停止するため，簡便

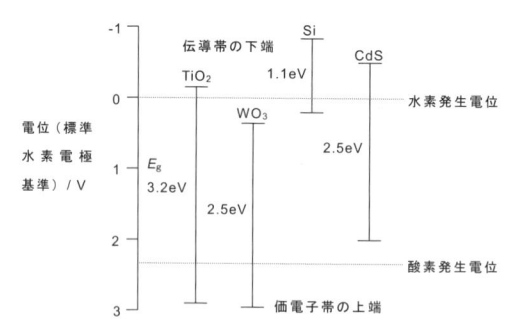

図 3.2.2 半導体のバンドのエネルギー準位とバンドギャップエネルギー E_g

　な反応制御が可能である．

　光触媒を用いる酸化還元反応は，電気化学反応における場合と同様に，酸化剤や還元剤が不要になるため，試薬ならびに廃棄物の低減につながる．また，電気化学的酸化還元の場合と異なり，電解液や電解質を必要としない点で優れている．

　図 3.2.2 にいくつかの例を示すように，価電子帯・伝導帯のエネルギー準位（図では価電子帯の上端と伝導帯の下端を示している）および E_g は半導体によって異なる．E_g が小さい半導体は，より長波長の光を吸収できる一方，伝導帯の電子の還元力，価電子帯の正孔の酸化力は小さくなる．光照射の条件と反応に必要な酸化還元力を考慮して，適切な半導体を選択する必要がある．一方，CdS など一部の半導体は光励起により自身が酸化され，水中では溶解する．二酸化チタン（TiO_2）は励起状態でも安定であり，酸化力が大きいが，光励起には約 400 nm 以下の紫外光が必要であり，可視光ではほとんど励起されない．

　光触媒反応の効率は，光子 1 個あたりの反応分子数である量子収率（quantum yield，量子収量または量子効率ともいう）で評価される．反応過程は，(1) 光吸収による電子・正孔の生成，(2) 電子と正孔の分離と光触媒表面への移動，(3) 光触媒表面での酸化還元反応に大別され，これらの効率が量子収率にそれぞれ直接影響するだけでなく，各段階の効率はほかの段階の効率にも影響を与える．たとえば，(3) の過程において電子・正孔のいずれか片方が効率よく反応に使用されない場合，光触媒への電荷の蓄積が再結合の増加をも

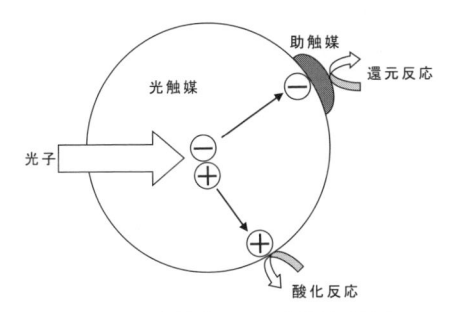

図3.2.3 光触媒上での酸化還元反応

たらすため，(1) や (2) の効率への影響が生じると考えられる．したがって，それぞれの段階の効率を上げるため，(1) については適切な照射波長範囲や強度の選択，(2) については光触媒材料の結晶性の向上，欠陥や不純物の除去による再結合の抑制や，微小化による電荷の表面への拡散の促進，(3) については光触媒表面の設計，助触媒の使用などの方策を講じる．助触媒（共触媒とも呼ばれる）は，光吸収を阻害しないよう微小化された触媒粒子を光触媒表面に少量固定化（担持）したもので，表面での反応の活性を向上させる働きをもつ（図3.2.3）．

3.2.3　光触媒反応の利用

　光触媒反応の利用対象は，水の光分解による水素エネルギー製造，有害物質の分解による環境浄化，および有用な分子を合成する有機合成反応への応用の3種類に大別される．以下，概説する．

a．水の光分解による水素エネルギー製造

　二酸化チタン電極（アノード）に紫外光を照射すると酸素が発生し，対極であるPt電極（カソード）で水素が発生する，いわゆる本多・藤嶋効果が1972年に発表され[1]，光エネルギーのみで水を完全分解できる原理が示された．この原理に従えば，二酸化チタン粉末に微細なPt粒子（助触媒）を担持した光触媒に紫外光を照射した場合，二酸化チタン上で水の酸化により酸素が発生し（式 (3.2.1)），Pt粒子上で還元により水素が発生する（式 (3.2.2)），すなわ

ち，全体の反応として水の完全光分解（式 (3.2.3)）が期待できる．ここで，h^+ と e^- はそれぞれ正孔と電子を表す．

$$2H_2O + 4h^+ \rightarrow O_2 + 4H^+ \quad (3.2.1)$$

$$2H^+ + 2e^- \rightarrow H_2 \quad (3.2.2)$$

$$2H_2O \rightarrow 2H_2 + O_2 \quad (3.2.3)$$

実際には，助触媒上で起こる逆反応（水素が酸素と結合し水に戻る反応）などの影響が小さくないが，反応系や助触媒の改良によって水の完全分解が可能であることが長年の研究により明らかにされてきた．また，2005 年には GaN-ZnO 固溶体を光触媒とする，可視光による水の完全分解が堂免らによって報告された[2]．さらに，助触媒の改良によって酸素存在下における逆反応の抑制に成功し，量子収率は 2.5% 程度まで向上したほか[3]，最近では量子収率は 5% 程度まで改善されている．また，可視光による水の完全分解に関しては，2 種類の光触媒を共存させ，二つの光子で電子を 2 段階に励起する方法で可視光を効率よく利用する方法も検討されており，2010 年には水の完全光分解において量子収率 6.3% の達成が報告されている[4]．このような 2 段階の励起方法は Z スキームと呼ばれ，植物の光合成でも利用されている興味深いメカニズムである．

　近年のこのような研究の進歩は，太陽光エネルギーの化学変換，すなわち太陽光エネルギーを用いるクリーンな水素エネルギー製造の実現につながるものと期待されており，量子収率のさらなる向上を目指した研究が進められている．一方で，本多・藤嶋効果などの電極を利用する系と異なり，光触媒系では水素と酸素が同じ場所で生成するため，逆反応を抑制しながら両者を分離するシステムが必要になるなど，実用化を考える上での課題も少なくないといえる．

b. 有害物質の分解による環境浄化

　二酸化チタン光触媒が生活環境下，すなわち酸素や水の存在下で光照射されると，光励起で生じた電子は酸素を還元してスーパーオキシドアニオンラジカル（$\cdot O_2^-$）を，正孔は水酸化物イオンを酸化して OH ラジカル（$\cdot OH$）を生じるとされている（式 (3.2.4)，(3.2.5)）．

$$O_2 + e^- \rightarrow {}^{\cdot}O_2{}^- \qquad (3.2.4)$$

$$OH^- + h^+ \rightarrow {}^{\cdot}OH \qquad (3.2.5)$$

これらのラジカルの酸化力,または二酸化チタン上の正孔による酸化力を利用して,毒性を有する分子,汚れの原因となる分子,臭気を発する分子,菌などを酸化分解し,安全・快適な生活環境をつくることを目的とした研究と製品化が行われ,すでに多くの商品が販売されている[5].たとえば,壁材やテント,タイルなどの表面に二酸化チタンを含ませる,あるいは膜状に焼き付けると,太陽光や屋内照明に含まれる紫外光により光励起されて生じた酸化力によって,汚れの分子や有害な分子が分解され清浄を保つことができたり(セルフクリーニング効果,浄化効果),菌の繁殖を防いだりする(抗菌効果)ことができる.また,二酸化チタン膜に紫外光を十分に当てると,膜表面の親水性が向上し,水ときわめて馴染みやすい超親水性の表面となることが知られている.水は表面で水滴を作らず薄い膜状に広がるため,曇りを生じず,視界が確保される.この効果を利用した自動車のドアミラーなどが商品化されている.

このような材料には,毒性が少なく安価な二酸化チタンが使用されている.光励起に紫外光が必要となるため,紫外光含有量の少ない環境下では大量の汚れや分子を短時間で分解することは不可能である.したがって,汚れや分子が蓄積することを予防するような使用法に適している.また,水中の有害物質処理や空気清浄機など,十分な分解速度が必要な場合には,追加のコストが必要となっても専用の光源を使用することが選択される場合もある.

現在,可視光のもとでも十分な反応速度を得ることを目的として,可視光応答型光触媒の開発が進められている.炭素,窒素,硫黄などを少量含ませた(ドープした)二酸化チタンや,酸化タングステンなどが光触媒として研究されているが,可視光吸収の代償としてこれらは無色や白色ではなく,黄色など着色した材料となることが問題となる場合も考えられる.

c. 有機合成反応への応用

光触媒の酸化力や還元力を用いて行う物質変換は,量論的な酸化剤や還元剤を用いない反応であるため,廃棄物が少なくグリーンケミストリー的である.高収率・高選択性を目指した触媒設計・反応設計が精力的に行われている[6,7].

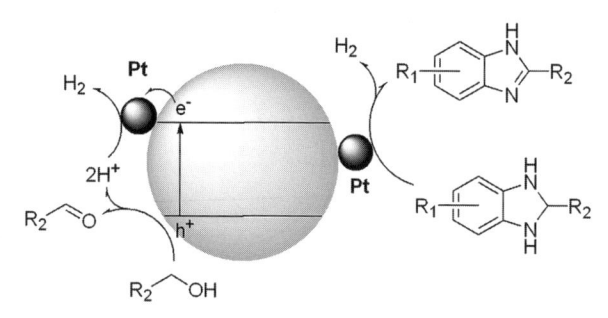

図3.2.4　Pt/TiO$_2$光触媒を用いるベンズイミダゾール合成

　二酸化チタンを基盤とする有機合成の例として，メソポーラス二酸化チタンを用いるベンゼンからのフェノール合成が挙げられる[8]．メソポーラス二酸化チタンとは，数nmのミクロ細孔を多数有する，比表面積の大きい粉末である．窒素雰囲気下，ベンゼンを含む水溶液にこの光触媒を懸濁し紫外光を照射すると，フェノールが80%以上の選択率で生成する．従来の複数のステップを必要とする工業的合成法と比較してワンステップのシンプルな反応であり，また常温・常圧で酸化剤や添加剤の添加を必要としない，優れたグリーンケミストリー的フェノール合成法といえる．このような高い選択率は，細孔のない二酸化チタン粉末を光触媒とした場合には得られない．これは，二酸化チタン上では生成したフェノールがさらに酸化分解されてしまうためである．これに対して，メソポーラス二酸化チタンでは細孔内に取り込まれやすいベンゼンの反応性は高いが，フェノールは細孔内に入りにくく反応性が低い．このため，フェノールの酸化分解が起こりにくく，高い選択率で得られる．

　二酸化チタン光触媒に金属ナノ粒子を助触媒として担持すると，電荷分離および酸化還元反応の促進効果に加えて，触媒作用の効果をうまく利用でき，優れた選択率や収率を達成できる場合がある．粒子径が2nm程度のPtナノ粒子を担持した二酸化チタン光触媒（Pt/TiO$_2$）を用いると，ジアミンとアルコールを原料として，窒素雰囲気・室温下，酸や酸化剤を用いることなくベンズイミダゾールを合成できる[9]．Ptを担持しない二酸化チタン光触媒を用いた場合と比較して，反応速度がきわめて大きくなり，ジアミンの転化率は99%，ベンズイミダゾールの選択率は93%以上と，優れた結果が得られる．この反

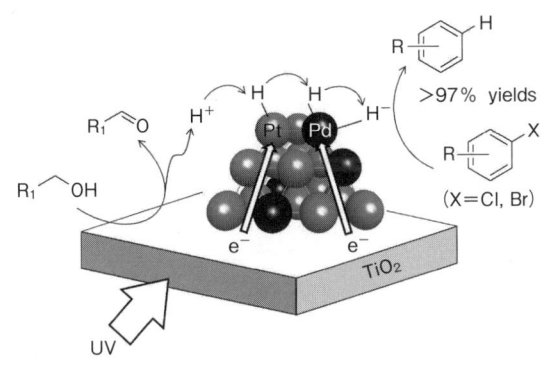

図 3.2.5 PdPt/TiO$_2$ 光触媒を用いるハロゲン化合物の脱ハロゲン化

応のメカニズムを図 3.2.4 に示す．光励起された二酸化チタンの正孔により酸化されたアルコールはアルデヒドに変換され，ジアミンと縮合反応し，中間体の脱水素を経てベンズイミダゾールが生成する．この過程において，Pt ナノ粒子は光励起された電子を用いた水素生成を促進することで電荷分離を促進する働きをするほか，中間体からの脱水素を促進することで，副生成物の生成を抑制し，ベンズイミダゾールの選択率を大きく向上させる．このように，光触媒反応と触媒反応を連続的に進行させることで，複数のステップの反応を，中間体を取り出すことなくワンポット合成できる．同様に，Pt/TiO$_2$ 光触媒上では，アルコールとアミンを原料とするイミンのワンポット合成が可能である[10]．Pt の代わりに Pd ナノ粒子を担持した Pd/TiO$_2$ 光触媒を用いると，イミンはさらに Pd 上で水素化されて二級アミンを生成する．

合金化されたナノ粒子を担持した光触媒はさらに特異な触媒機能を発揮する．Pd と Pt からなる合金ナノ粒子を担持した PdPt/TiO$_2$ 光触媒は，紫外光照射下でアルコールを水素源とするハロゲン化合物の脱ハロゲン化を効率よく進行させる（図 3.2.5）[11]．p-クロロトルエンの脱ハロゲン化の場合，Pt/TiO$_2$ 光触媒上では反応は進行せず，Pd/TiO$_2$ 光触媒ではトルエンの収率は 20％に満たない．これに対して，Pd と Pt を 1：5 の比で含む合金を担持した PdPt/TiO$_2$ 光触媒では，収率は 76％となり，さらに反応時間の延長により収率は 97％を超えた．Pd と Pt を合金化せず別々に担持した TiO$_2$ 光触媒では収率は 25％程度であり，合金化が活性向上に重要であることを示している．こ

の反応では，TiO_2 の光励起により生成した正孔がアルコールを脱水素し，プロトン（H^+）を生成する．この H^+ は TiO_2 から Pt 上に移動した励起電子により還元され，水素原子（Pt-H）となる．この H は隣接した Pd 上に移動し，ここでさらに励起電子によりヒドリド種（$Pd-H^-$）を生成する．この高活性なヒドリド種が脱ハロゲン化反応を効率よく進行させる．Pt の近隣に Pd が存在しない場合は，Pt-H から水素分子（H_2）を生成する反応が支配的になるため，脱ハロゲン化反応の効率が低下するが，合金化により H_2 は生成しなくなり，アルコールの水素が効率よく脱ハロゲン化反応に使用される．また，Pd ナノ粒子のみを担持した場合には，H^+ の励起電子による還元が起こりにくくなることから，Pt と Pd の合金化が重要である．この光触媒系では，さまざまな有機ハロゲン化合物を水素化することができる．

　以上のように，光触媒を用いて，従来法に比較して有利な条件での有機合成の例が種々開発されてきている．太陽光照射で進行する合成プロセスも開発されつつあるが，多くの反応は紫外光照射を必要とし，人工光源を要することから，付加価値の高い反応に適用することが望まれる．さらに，実用化につなげるためには，反応器の開発などの課題が挙げられる．

［平井隆之］

参考文献
1) A. Fujishima and K. Honda, *Nature*, **238**, 37 (1972).
2) K. Maeda *et al.*, *J. Am. Chem. Soc.*, **127**, 8286 (2005).
3) K. Maeda *et al.*, *J. Phys. Chem. B*, **110**, 13107 (2006).
4) K. Maeda *et al.*, *J. Am. Chem. Soc.*, **132**, 5859 (2010).
5) 光触媒工業会ホームページ http://www.piaj.gr.jp/roller/
6) Y. Shiraishi and T. Hirai, *J. Photochem. Photobiol. A : Chem.*, **200**, 432 (2008).
7) Y. Shiraishi and T. Hirai, *J. Jpn. Petrol. Inst.*, **55**, 287 (2012).
8) Y. Shiraishi *et al.*, *J. Am. Chem. Soc.*, **127**, 12820 (2005).
9) Y. Shiraishi *et al.*, *Angew. Chem. Int. Ed.*, **49**, 1656 (2010).
10) Y. Shiraishi *et al.*, *Chem. Commun.*, **47**, 4811 (2011).
11) Y. Shiraishi *et al.*, *Chem. Commun.*, **47**, 7863 (2011).

3.3

レーザーによるイオンの冷却

3.3.1 はじめに

　前世紀の終わり，とくに1980年頃から，レーザーを使って原子やイオンを冷却することや，運動を制御することが可能になってきた．この技術を用いると，気体の状態の原子やイオンを減速して，電磁場や光で作ったトラップに捕捉することができる．この結果，かつては思考実験でのみ可能であった個々の原子やイオンのスペクトルの観測や量子状態の操作ができるようになった．この技術は，レーザーを用いた分光技術には最適なものであり，この技術に基づいた原子時計の開発に大きな進展をもたらした．一方，1990年代に，量子力学の重ね合わせ状態や量子もつれ状態を利用した量子計算によって，素因数分解などの古典計算機では困難な問題を解く可能性が示されると，実現に向けていろいろな実験系を用いて実験が開始された．これらの実験系のうち，レーザーを用いて個々の量子系を操作する実験は有力な方法の一つであり，そのなかで代表的なものがイオントラップである．

　イオントラップは特殊な形をした電極に電圧を加えて電気的なポテンシャルを発生させ，イオン化した原子を真空中に閉じ込める装置である．この装置は1950年頃から質量分析などへの応用を念頭に開発が始められた．高周波電場を使って閉じ込めるトラップを開発したヴォルフガング・パウル（Wolfgang Paul）には1989年のノーベル物理学賞が与えられている．1960年に入るとパウルとともにノーベル賞を受賞したハンス・デーメルト（Hans Georg Dehmelt）により分光研究の手法としての研究が開始された．1970年代後半からはレーザー冷却を用いて，擾乱の非常に少ない環境下で極低温状態のイオ

ンを発生させ，長時間にわたり捕獲することができるようになった．現在ではイオンを用いた原子時計や量子計算の実験研究が目覚ましく進展してきている．2012年にはこの分野で大きな貢献を果たしたデイヴィッド・ワインランド（David Wineland）にノーベル物理学賞が与えられた．本節ではイオントラップ中のイオンのレーザー冷却およびその応用について述べる．

3.3.2 イオントラップ

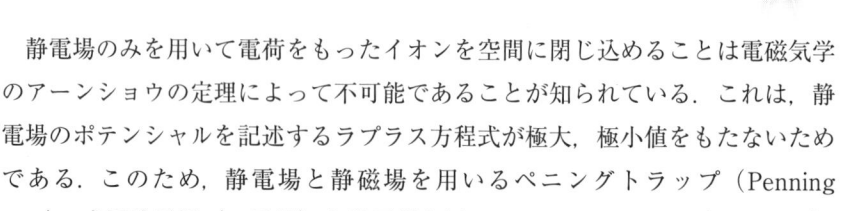

静電場のみを用いて電荷をもったイオンを空間に閉じ込めることは電磁気学のアーンショウの定理によって不可能であることが知られている．これは，静電場のポテンシャルを記述するラプラス方程式が極大，極小値をもたないためである．このため，静電場と静磁場を用いるペニングトラップ（Penning trap），高周波電場（rf 電場）と静電場を用いるパウルトラップ（Paul trap）が主に用いられる．パウルトラップは rf トラップとも呼ばれる．ここでは，量子情報処理などに重要な rf トラップを説明する[1]．

図 3.3.1（a）はイオントラップに用いられる四重極ポテンシャルを発生させるための，3枚の回転双曲面をもった電極を示したものである．上と下の電極をエンドキャップ，中の電極をリングと呼ぶ．エンドキャップの間隔 $2z_0$ とリングの半径 r_0 には，$r_0=\sqrt{2}z_0$ の関係がある．2枚のエンドキャップとリング間に電圧 U を加えると，電極に囲まれた空間の1点 (x, y, z) には以下に示す静電ポテンシャル ϕ が生じる．

$$\phi = U\frac{r^2-2z^2}{r_0^2+2z_0^2}, \quad r^2 = x^2+y^2 \tag{3.3.1}$$

このポテンシャルは $z=0$ で鞍点をもつ．たとえば U が正の場合，正の電荷をもったイオンには原点に向かう力が r 方向に働くが，z 方向には原点から離れる方向に力が働く．このため，イオンを空間的に閉じ込めることができない．rf トラップは電極間に rf 電圧を加えて動作させるもので，rf 電圧，$U=V_0\cos\Omega t$ によって両方向に交互に閉じ込めの力が働くようにしたものである．この場合，電場によって加速されたイオンが電極に到達する時間よりも rf の1周期の時間が短くなければイオンを閉じ込めることができないため，イオン

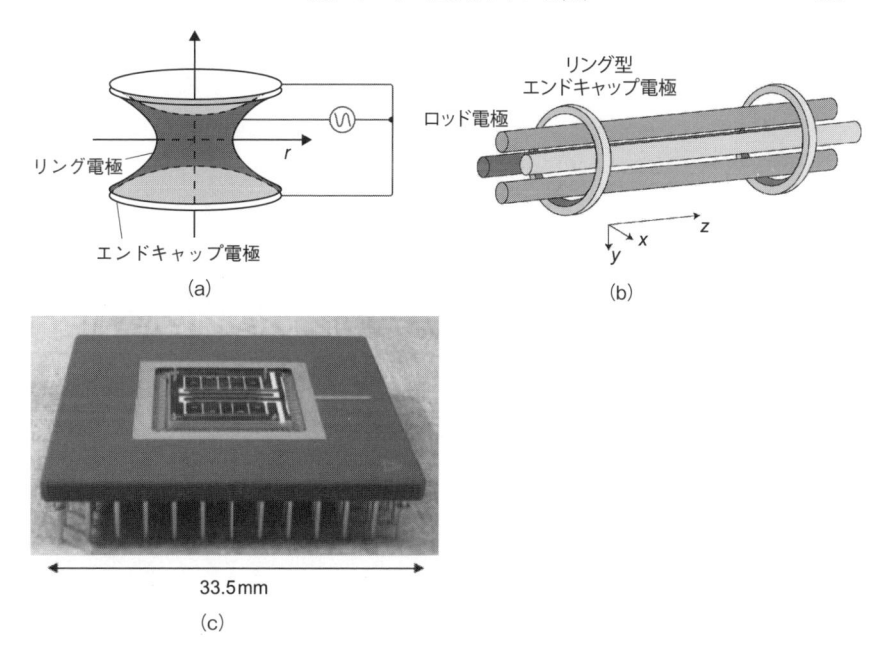

図 3.3.1 (a) パウルトラップ，(b) リニアトラップ，(c) プレーナートラップ

の電荷 e，質量 m，加える rf の振幅 V_0 と周波数 Ω，トラップの大きさ z_0 の間に以下のような条件が課される．

$$0 < q_z < 0.908, \quad q_z = \frac{2eV_0}{mz_0^2\Omega^2} = -2q_x = -2q_y \tag{3.3.2}$$

イオンの運動は厳密にはマシュー（Mathieu）方程式で記述される．$q_j (j=x, y, z)$ は j 方向の運動方程式に現れるパラメーターである．$q_j \ll 1$ の条件が成り立つ場合は，イオンの運動は近似的に，ゆっくりと変動する永年運動成分と，外部から加えた rf 周波数 Ω で振動する微小な振動成分で記述することができる．z 方向のイオンの位置を $z(t)$ とすると，z 方向の運動は以下のようになる．

$$z(t) = A_z \left[1 - \frac{q_z}{2} \cos \Omega t \right] \cos \omega_z t, \quad \omega_z = \frac{q_z \Omega}{\sqrt{2}} \tag{3.3.3}$$

A_z は初期条件で決まる定数である．x，y 方向も同様に表される．イオンの運動は周波数 ω_j で調和振動を行う永年運動（secular motion）に，微小なリプ

ルが乗ったような形となる．微小なリップルはマイクロ運動（micromotion）といわれる．永年運動は，空間的に不均一な電場中で振動するイオンに対して，1周期平均の力は電場の大きさの小さい方向に働くという性質によって生じる運動である．式（3.3.1）の四重極ポテンシャルでは，原点でもっとも電場が小さいため，この方向に平均の力が働く．したがって，イオンの3次元的な閉じ込めが可能な楕円型の有効ポテンシャルが生じることになる．

　量子計算への応用には図3.3.1（b）に示すリニアトラップが用いられる．これはx-y方向はrf電場，z方向は静電場によりイオンを閉じ込めるもので直線状にイオンを並べることができる．最近では，量子計算への応用を目的に，図3.3.1（c）に示すような集積化が可能な平面状に電極を配置した平面型イオントラップも開発されている．イオントラップは1×10^{-7} Pa以下の超高真空中で動作させる．イオンはトラップ内部で，電子衝突や光電離により，原子をイオン化して生成する．トラップの大きさや用いるイオンにもよるが，通常，有効ポテンシャルは数V，rf周波数は数十MHz，永年周波数は数MHz程度で動作させる．

3.3.3　レーザーによるイオンの冷却

　トラップ内に生成されたイオンの温度は，冷却しなければ数千K程度と考えられる．イオンを長い時間捕まえておくためには，イオンの温度を下げる必要がある．レーザー冷却を用いるとイオンを極低温まで一挙に冷却することができる．レーザー冷却は，共鳴に近い周波数をもつレーザー光を原子に照射したときに発生する光の散乱力を利用するものである[2]．ここではイオンの冷却に必要なドップラー冷却とサイドバンド冷却について，Ca^+イオンを例にとって説明する．図3.3.2にCa^+イオンのエネルギー準位を示す．Ca^+イオンは基底準位$4^2S_{1/2}$の上に励起準位$4^2P_{1/2}$をもっている．この準位は基底準位との間で波長397 nmの電気双極子遷移をもち，寿命は約7 ns（放射減衰レートγは$2\pi\times2.2\times10^7$ s^{-1}）である．一方，このイオンには別の励起準位$3^2D_{5/2}$があり，この準位は基底準位との間で波長729 nmの電気四重極遷移をもち，寿命は約1.1 s（放射減衰レートγは$2\pi\times0.14$ s^{-1}）である．この準位は，寿命

3.3 レーザーによるイオンの冷却

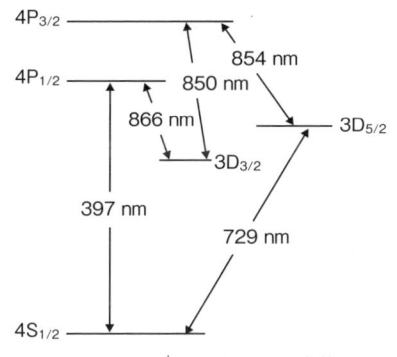

図 3.3.2 Ca$^+$のエネルギー準位図

が長いため準安定状態といわれる．rfトラップ中のイオンはマイクロ運動を無視すると3次元の調和振動をしている．イオンの振動周波数ω_vは前にも述べたようにおよそ$2\pi \times 10^6$ Hz程度である．振動しているイオンのレーザー冷却は，イオンの振動周波数ω_vと冷却に用いるイオンの励起準位の放射減衰レートγとの大きさの関係で扱いが異なってくる．

a. ドップラー冷却

ドップラー冷却は，波長397 nmの$4^2S_{1/2}$と$4^2P_{1/2}$の間の電気双極子遷移を用いて行う．この遷移に対しては$\omega_v \ll \gamma$が成り立つ．このような条件が成り立つ場合には，原子が光を吸収，放出する時間に比べて運動の1周期に要する時間は十分長い．このためイオンは1周期の間に何度も光の吸収，放出を繰り返すことになり，1個の光子の吸収，放出を行う間のイオンの速度と位置はほぼ一定と考えられる．この場合にはイオン振動の1周期より十分短くかつ原子の寿命γ^{-1}より十分長い時間で平均した光の散乱力を考えることができる．散乱力は以下のように説明される．イオンに吸収されるレーザーの光子の運動量は，すべて同一方向を向いているため加え合わされる．一方，自然放出で放出される光子の方向はランダムで平均すると運動量は0になる．このため，イオンに対してレーザーの進む方向に力が働く．

イオンがレーザーの進む方向に振動している場合を考える．単一モードのレーザーの周波数ωをイオンの光吸収スペクトルの中心ω_0より低くして照射し

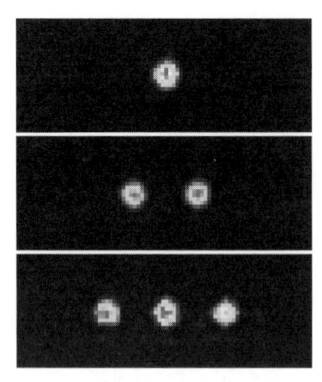

図 3.3.3　ドップラー冷却された1個，2個，3個のイオン

た場合，すなわち，レーザーの離調 δ が負（$\delta = \omega - \omega_0 < 0$）の場合には，振動しているイオンが光の進行方向と反対に進む周期では，ドップラーシフトが離調を打ち消す．そのため，共鳴が強く起こり吸収・放出のレートが増加して，原子を減速する方向に働く散乱力が増加する．逆にイオンが光と同じ方向に進む周期の場合は，ドップラーシフトが離調に加わるため，原子を加速する方向に働く散乱力が減少する．すなわち，負の離調の場合には光に向かって進む半周期ごとに加わる力が，光と同じ方向に進む半周期の力に勝るため，イオンは散乱力によって摩擦を受けて減速され，冷却されることになる．

　空間に閉じ込められて3方向に振動しているイオンの場合には，ポテンシャルの主軸と傾いた方向からレーザーを照射すると，すべての方向に散乱力を働かせることができる．このため，1本のレーザービームで3方向の振動ともに冷却することが可能である．この冷却法によって到達できる最小のエネルギーは $E_{\min} = \hbar\gamma/2$，温度に換算すると $T_D = \hbar\gamma/2k_B$（k_B はボルツマン定数）となる．この温度をドップラー限界という．Ca^+ イオンの場合には到達温度は $T_D = 0.53$ mK となる．レーザー冷却のためには，光の吸収・放出の閉じたサイクルを作ることが必要である．Ca^+ イオンの場合は，励起準位 $4^2P_{1/2}$ は，基底準位だけでなく約 1/15 の割合で $3^2D_{3/2}$ 準位へも遷移する．このため，866 nm のレーザー光も同時に照射して冷却サイクルに戻すことが必要である．

　イオンの運動は永年運動とマイクロ運動からなるが，冷却の対象となるのは永年運動である．マイクロ運動は外部電場によって起こされる運動であり，有

効ポテンシャルの起源とみなされるもので，冷却することはできない．したがって，冷却された 1 個のイオンはマイクロ運動のない rf 電場が 0 となる有効ポテンシャルの最小点，すなわち rf トラップの中心に局在する．一方，イオンが複数個ある場合には，イオンの運動エネルギーがイオン間のクーロン相互作用よりも小さくなると，イオン間のクーロン相互作用と有効ポテンシャルで決まる平衡点に配列する．これを結晶化という．配列したイオンは平衡点付近で微小振動を行う．この振動は結合した振動子のように，基準振動といわれる重心モード，伸縮モードなどの固有モードにより記述される．リニアトラップの場合には，トラップのポテンシャルの形を調整することにより，マイクロ運動のない直線状の rf 電場の零点にイオンを並べることができる．図 3.3.3 はリニアトラップ中に冷却して並べられた Ca^+ イオンの画像である．

b. サイドバンド冷却

サイドバンド冷却は，ドップラー冷却によってイオンが冷却された後，さらにイオンを振動基底状態まで冷却するのに使われる．サイドバンド冷却には 729 nm の電気四重極遷移を用いる．この遷移に対しては $\omega_v \gg \gamma$ が成り立つので，レーザーと相互作用するイオンは光を吸収してから放出する間に何度も振動を繰り返す．したがって，レーザー光とのコヒーレントな相互作用で誘起される遷移モーメントが，イオンの振動周波数で変調されることになり，光吸収スペクトルに多くのサイドバンドが現れる．あるいは，イオンに静止した系で考えると，単一モードのレーザー周波数 ω がイオンの振動周波数 ω_v で周波数変調されるため，イオンは周波数 $\omega \pm p\omega_v$ （p は正の整数）をもつ多くのサイドバンドとコヒーレントな相互作用すると考えることもできる．

イオンがドップラー冷却により冷却されて，振動の振幅 x_0 が光の波長 λ より十分小さくなった場合，すなわち，$kx_0 = 2\pi(x_0/\lambda) \ll 1$，の条件まで閉じ込められている場合には，イオンの光吸収スペクトルは中心（$\omega = \omega_0$）のキャリア成分が支配的となって，周波数 $\omega = \omega_0 \pm \omega_v$ のところにある第一サイドバンドのみが小さく観測される（図 3.3.4 (a)）．このように，イオンが電磁波の波長に比べ十分小さな領域に局在しているときはラム-ディッケ（Lamb-Dicke）の基準が満たされているという．高周波数側（$\omega = \omega_0 + \omega_v$）のサイドバンドは

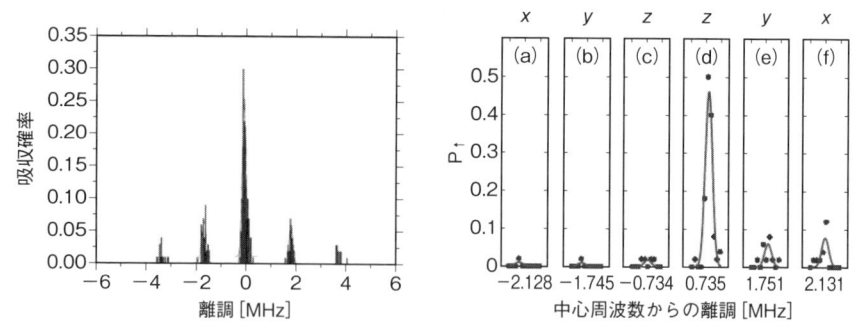

図 3.3.4 (a) ドップラー冷却後の光吸収スペクトル．中心がキャリア遷移，両サイドは r 方向，z 方向のサイドバンド成分．イオンの温度は約 5 mK 程度と推定される．
(b) サイドバンド冷却後のサイドバンドスペクトル．左側三つが x, y, z 方向のレッドサイドバンド．右側三つがブルーサイドバンド．到達量子数は，$\langle n_x \rangle = 0.15$，$\langle n_y \rangle = 0.19$，$\langle n_z \rangle = 0.04$．

ブルーサイドバンド，低周波数側（$\omega = \omega_0 - \omega_v$）のサイドバンドはレッドサイドバンドと呼ばれる．

サイドバンド冷却では，スペクトル幅の狭い単一モードレーザーの周波数 ω を低周波側のレッドサイドバンドに同調させて，ラム-ディッケ領域に閉じ込められているイオンに対して，冷却したい振動モードが射影成分をもつ方向から照射する．イオンは光子のエネルギー，$\hbar(\omega_0 - \omega_v)$ を得て $|n, g\rangle$ から $|n-1, e\rangle$ へ遷移する．ただし，n は振動モードの量子数（$n \geq 1$），g, e はそれぞれイオンの基底準位 $4^2S_{1/2}$，励起準位 $3^2D_{5/2}$ を表す．$|n-1, e\rangle$ に遷移したイオンは自然放出により基底状態に戻る．ラム-ディッケの基準が満たされている場合には，キャリア遷移が支配的であるため $\hbar\omega_0$ のエネルギーを放出して $|n-1, g\rangle$ へ遷移する．したがって，この１回の過程により $\hbar\omega_v$ だけのエネルギーを失う．この過程を繰り返すと，イオンの振動量子数を一つずつ減らすことができる．サイドバンド冷却により到達可能な平均量子数は，$n_{av} = C\gamma^2/4\omega_v^2$ と表される．C は 1 のオーダーの数である．$\omega_v \gg \gamma$ であるので，振動基底状態の近くまで冷却することができる．到達量子数は，光吸収スペクトルのレッドサイドバンドとブルーサイドバンドの高さの比を測定することによって得られる．二つのサイドバンド遷移の遷移確率はそれぞれレッドサイドバンドが n，ブルーサイドバンドが $(n+1)$ に比例する．振動状態の分布を考慮し

て平均量子数$\langle n \rangle$を用いると，サイドバンドの高さの比は，$S_L/S_U=\langle n \rangle/(\langle n \rangle +1)$となり，これから平均到達量子数$\langle n \rangle$を求めることができる．図3.3.4（b）は，リニアトラップ中の単一Ca^+イオンのサイドバンド冷却後の光吸収スペクトル測定結果の例で，左側の三つが振動のx, y, z成分のレッドサイドバンド，右側三つがブルーサイドバンドスペクトルである．レッドサイドバンド成分がほとんど消えていることより，振動基底状態近くまで冷却されていることが確認できる．

3.3.4 レーザーによる冷却イオンの量子状態制御

a. イオンとレーザーの相互作用[3],[4]

レーザーを使うと振動基底状態近くまで冷却されたイオンの内部状態と運動状態の量子状態を制御することができる．たとえば，Ca^+イオンの電気四重極遷移を用いると，相互作用の強さを表すラビ周波数を大きくすることで，容易にコヒーレントな相互作用をさせることができる．以下，1個のイオンがリニアトラップに捕捉され，振動状態としてはz方向のみが相互作用に寄与する場合を考える．

イオンがラム-ディッケの基準を満たしている場合，スペクトル幅の狭い単一モードのレーザーと相互作用させると，イオンの光吸収スペクトルにはキャリア遷移およびその両側に対称なサイドバンドが現れる．これは，レーザーの周波数ωに応じて下の三つの相互作用が生じるためである．（1）$\omega=\omega_0$のとき，$|n,g\rangle \leftrightarrow |n,e\rangle$の二つの状態を結合させる相互作用が生じ，振動状態が変化しないキャリア遷移が励起される．（2）$\omega=\omega_0-\omega_v$のとき，$|n,g\rangle \leftrightarrow |n-1,e\rangle$の二つの状態を結合させる相互作用が生じ，イオンが励起状態に移るとき，振動量子数が一つ減少するレッドサイドバンド遷移が励起される．ただし，$|0,g\rangle$はこの相互作用では変化しない．（3）$\omega=\omega_0+\omega_v$のとき，$|n,g\rangle \leftrightarrow |n+1,e\rangle$の二つの状態を結合させる相互作用が生じ，イオンが励起状態に移るとき，振動量子数が一つ増加するブルーサイドバンド遷移が励起される．ただし，$|0,e\rangle$はこの相互作用では変化しない．

これらの三つの条件が成り立つとき，レーザーパルスをt秒間加えた場合に

は，イオンの状態ベクトル $|\phi(t)\rangle$ は，

$$|\phi(t)\rangle = c_{n+k,e}(t)|n+k,e\rangle + c_{n,g}(t)|n,g\rangle \tag{3.3.4}$$

$$\begin{bmatrix} c_{n+k,e}(t) \\ c_{n,g}(t) \end{bmatrix} = \begin{bmatrix} \cos(\theta/2) & ie^{i\phi}\sin(\theta/2) \\ ie^{-i\phi}\sin(\theta/2) & \cos(\theta/2) \end{bmatrix} \begin{bmatrix} c_{n+k,e}(0) \\ c_{n,g}(0) \end{bmatrix} = R^{(k)}(\theta,\phi)\begin{bmatrix} c_{n+k,e}(0) \\ c_{n,g}(0) \end{bmatrix}$$

と発展する．$c_{n+k,e}(0)$ および $c_{n,g}(0)$ は初期状態を表す．量子数 n は，キャリア遷移，ブルーサイドバンド遷移に対しては $n \geq 0$，レッドサイドバンド遷移に対しては $n \geq 1$ である．ϕ はレーザーの位相，回転角 θ は $\theta = \Omega_{n+k,n}t$ と表され，$k=0$ のキャリア遷移に対して $\Omega_{n,n}=\Omega_0$，$k=1$ のブルーサイドバンド遷移に対して $\Omega_{n+1,n}=\Omega_0\eta\sqrt{n+1}$，$k=-1$ のレッドサイドバンド遷移に対して $\Omega_{n-1,n}=\Omega_0\eta\sqrt{n}$ である．Ω_0 はラビ周波数と呼ばれ，レーザー電場の振幅に比例する．η はラム-ディッケパラメーター（Lamb-Dicke parameter）と呼ばれ，零点振動の広がりと波長の比を意味し，$\eta = k(\hbar/2m\omega_v)^{1/2}$ で表される．k はレーザー光の波数である．

最初にイオンが $|0,g\rangle$ にあり，キャリア遷移のパルスを t 秒間加えた場合には，イオンの状態は，$|\phi\rangle = \cos(\theta/2)|0,g\rangle + i\exp(i\phi)\sin(\theta/2)|0,e\rangle$ へと変化する．これは状態ベクトルの回転を表しており，回転角 $\theta = \Omega_0 t$ およびレーザーの位相 ϕ を用いて任意の回転を作ることができる．イオンが基底準位にいる確率は $\cos^2(\Omega_0 t/2)$ となって時間的に振動する．これをラビ振動という．いろいろな条件のパルスを加えることでイオンの量子状態を制御することができる．初期状態 $|0,g\rangle$ に対して，キャリア遷移の $\pi/2$ パルス，$R^{(0)}(\pi/2,-\pi/2)$ を作用させると，二つの状態の等しい重ね合わせ，$(|0,g\rangle+|0,e\rangle)/\sqrt{2}$ ができる（$\pi/2$ パルス）．$R^{(0)}(\pi,-\pi/2)$ のときは $|0,g\rangle$ から $|0,e\rangle$ へ反転する（π パルス）．$R^{(0)}(2\pi,-\pi/2)$ のときは $|0,g\rangle$ から符号の反対の状態 $-|0,g\rangle$ へ変化する（2π パルス）．$|1,g\rangle$ にレッドサイドバンド遷移の $\pi/2$ パルス，$R^{(-1)}(\pi/2,-\pi/2)$ を作用させると，$(|1,g\rangle+|0,e\rangle)/\sqrt{2}$ となり，振動状態と内部状態の直積で表すことのできない量子もつれ状態を発生することができる．また，レッドサイドバンド遷移の π パルス，$R^{(-1)}(\pi,-\pi/2)$ は $|0,g\rangle$ は変えずに $|0,e\rangle$ を $|1,g\rangle$ に変えるため，$|0\rangle(\alpha|g\rangle+\beta|e\rangle)$ に作用させた場合には $(\alpha|0\rangle+\beta|1\rangle)|g\rangle$ に変化する．この操作は内部の量子状態を振動状態に移すため，スワップ操作と呼ばれる．これらの操作は，量子状態制御の基本技術となる．

b. 量子跳躍とイオンの状態検出

2準位のイオンにレーザーを照射して状態制御を行ったあと,イオンの状態を知ることが必要になる.状態検出はシェルビング法を用いた量子跳躍の観測によってなされる.Ca^+イオンの場合,基底準位 $|g\rangle$ と準安定準位 $|e\rangle$ 以外に,もう一つの励起準位 $4^2P_{1/2}$($|f\rangle$ とする)を利用する.励起準位 $|f\rangle$ は,基底準位への強い電気双極子遷移をもち,レーザー冷却に用いられる.寿命は 7×10^{-9} 秒程度である.一方,準安定準位 $|e\rangle$ の寿命は約1秒である.1個のイオンを電気双極子遷移を用いてレーザー冷却を行うと,検出系の効率を考慮した場合,光子数 $10^4\,s^{-1}$ 程度の蛍光信号が観測される.このイオンに $|g\rangle\leftrightarrow|e\rangle$ の電気四重極遷移の周波数に一致するレーザー光を照射する.イオンが光を吸収して準安定準位 $|e\rangle$ へ遷移するとイオンの蛍光は完全に消失する.イオンが $|g\rangle\leftrightarrow|f\rangle$ の冷却サイクルに戻ると再び強い蛍光が観測される.このため弱い遷移によるイオンの量子跳躍を強い遷移の蛍光の変化で観測することができる.この測定方法は"電子の棚上げ(シェルビング)による量子増幅"とも名付けられる.イオンの状態は蛍光の有無で知ることができ,この検出効率はほぼ100%である.図3.3.5に量子跳躍の観測例を示す.

シェルビング法を用いると,1個のイオンの基底準位と準安定準位間の電気四重極遷移の光吸収スペクトルを測定することができる.最初にイオンを基底準位 $|g\rangle$ に準備する.次に,イオンに $|g\rangle\leftrightarrow|e\rangle$ 遷移を観測するためのレーザーパルスを照射する.キャリア遷移の場合にはイオンは $|g\rangle$ から重ね合わせの状

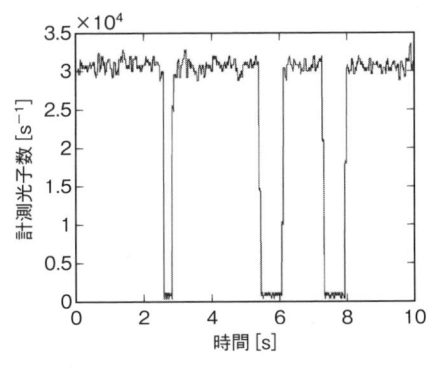

図3.3.5 単一 Ca^+ イオンの量子跳躍の観測例

態，$|\Psi\rangle = c_1|g\rangle + c_2|e\rangle$ へ移る．次にイオンに強い遷移 $|g\rangle \leftrightarrow |f\rangle$ に一致する冷却用のレーザー光を照射する．イオンからの蛍光が観測された場合にはイオンは測定により基底準位に射影される．この確率が $|c_1|^2$ である．蛍光が観測されない場合には準安定準位に射影され，確率は $|c_2|^2$ である．1回の測定ののち，イオンを再び基底状態に準備してこの測定を N 回繰り返す．N 回の測定において蛍光が観測されなかった回数を N_2 とすると準安定準位への遷移確率は $|c_2|^2 = N_2/N$ となる．観測用レーザーの周波数を共鳴周波数付近で少しずつ掃引して，遷移確率を測定していくと光吸収スペクトルが得られる．図 3.3.4 (a) はこのようにして測定した，リニア rf トラップ中に冷却された 1 個の Ca^+ イオンの電気四重極遷移の光スペクトルの例である．シェルビング法は，量子情報処理の実験においても，量子状態の制御後の状態検出に用いられる．

3.3.5 冷却イオンの応用

a．量子情報処理

　現在の計算機が 0 か 1 の二つの状態をとるビットを基本の計算要素として構成されているのに対し，量子計算は $|0\rangle$ と $|1\rangle$ の重ね合わせの状態をとりうるようにビットを拡張したキュービットを計算要素として用いる．量子計算では量子状態の重ね合わせや量子もつれ状態を利用する．これによって並列計算が可能となるため，現在の計算機では膨大な時間のかかる問題，たとえば素因数分解などを高速に処理できることが期待されている．このため，NMR における核スピン，光子，レーザー冷却されたイオンや原子，量子ドット，超伝導ジョセフソン素子などを用いた実験研究が活発に進められている．

　リニアトラップ中に 1 列に並んだイオンをキュービットとして用いる量子計算はシラク（J. Ignacio Cirac）とゾラー（Peter Zoller）により提案された[5]．それ以来，米国標準技術研究所（NIST），インスブルック大学などにおいて実験的な研究が精力的に行われている．冷却イオンを用いる方式は，キュービットとして使えるいろいろな内部状態が存在すること，これらのキュービットのデコヒーレンスが小さいこと，光ポンピングや振動基底状態までの冷却によって状態の初期化が可能なこと，レーザーパルスにより個々のキュービットのゲ

ート操作が可能なこと，演算結果の状態検出がシェルビング法を用いて100％に近い効率で可能であること，などの量子計算を実験的に実現する基本的要請を満たすことから有力な候補となっている．キュービットにはイオンの基底状態の二つの超微細構造準位，あるいは基底状態と準安定状態などが用いられる．イオントラップでは隣接するイオン同士は数ミクロン程度離れているため，異なるイオンの内部状態間は直接に相互作用しない．このため異なるイオン間の相互作用は振動状態を介して行われる．一つの振動モードの基底状態 $|0\rangle$ と第一励起状態 $|1\rangle$ をバスビットとして用いる．振動モードとしては軸方向の重心運動，あるいは伸縮運動モードなどが用いられる．一列に並んだイオンにレーザーパルスを照射して内部状態のユニタリ変換，内部状態と振動状態あるいはイオン間の内部状態の量子もつれ状態を生成して演算を行う．

量子計算のプロセスはユニタリ変換で表されるが，すべて1キュービットの回転と2キュービットの制御ノットゲートの組み合わせで構成できることが知られている．したがって，冷却イオンを使ってこの二つのゲート操作を実現できれば原理的には量子計算が行えることになる．1キュービットの回転は前に述べたように1個のイオンにキャリア遷移のパルスを照射することで実現できる．2キュービットを用いた制御ノットは，$|\varepsilon_1\rangle|\varepsilon_2\rangle \rightarrow |\varepsilon_1\rangle|\varepsilon_1 \oplus \varepsilon_2\rangle$ のような状態の変換を行う論理ゲートである．ここで ε_1, ε_2 は0または1の値である．内部状態の場合には g を0, e を1に対応させる．右辺の $\oplus$ は2を法とした加算を表す．$|\varepsilon_1\rangle$ を制御ビット，$|\varepsilon_2\rangle$ を標的ビットと呼ぶ．$\varepsilon_1 = 0$ ならば，標的ビットは変化しないが，$\varepsilon_1 = 1$ ならば標的ビットは反転する．制御ノットゲートの代表的なものは，シラク-ゾラーゲートである[5]．このゲートはリニアトラップ中に1列に並んだイオンのうちの2個をそれぞれ制御ビット，標的ビットとして用いて，個別にレーザー光を照射して量子ゲートを働かせる．2個のキュービットは直接に相互作用しないため，制御ビットの量子状態をレッドサイドバンドの π パルスを使って振動モードに移し，振動状態を使って標的ビットを制御する．実際にはキャリア遷移やレッドサイドバンド遷移の五つの制御パルスからなる．制御ノットゲートの実証実験は最初，1個の冷却された Be^+ イオンの超微細構造準位間のキュービットと振動状態のキュービットで構成される2キュービットを用いて行われた[6]．その後，2個の Be^+ イオンや2個の

Ca$^+$イオンを用いて実証実験が行われている[7].

ここではイオンの量子状態制御の簡単な応用例として,2個のイオンを使ったベル状態の発生実験を紹介する[8]. ベル状態は2粒子の量子もつれ状態の典型的な状態で,以下のように表される.

$$|\Psi^\pm\rangle = \frac{|g_1, e_2\rangle_z \pm |e_1, g_2\rangle_z}{\sqrt{2}}, \quad |\Phi^\pm\rangle = \frac{|g_1, g_2\rangle_z \pm |e_1, e_2\rangle_z}{\sqrt{2}} \quad (3.3.5)$$

2個のイオンの量子状態を制御する場合でも,レーザービームを絞ってイオンを個別に制御して,特定の振動モードのみを利用すれば,1個のイオンの場合と同様に扱うことができる.実験では,キュービットとしてCa$^+$イオンの二つの準位 $3^2\mathrm{D}_{5/2}(|e\rangle)$, $4^2\mathrm{S}_{1/2}(|g\rangle)$,バスビットとして,$z$方向の伸縮モードの$|0\rangle$, $|1\rangle$ が使われた.手順は次の通りである.(1) 初期状態 $|g_1, g_2; 0\rangle$ を準備する.(2) イオン1にブルーサイドバンドの $\pi/2$ パルス,$R_1^{(+1)}(\pi/2, -\pi/2)$ を照射する.状態は,$(|g_1, (g_2); 0\rangle + |e_1, (g_2); 1\rangle)/\sqrt{2}$ へ変化する.ただし,( ) は変化しないイオンを意味する.(3) イオン2にキャリア π パルス,$R_2^{(0)}(\pi, \pi/2)$ を照射する.状態は,$-(|(g_1), e_2; 0\rangle + |(e_1), e_2; 1\rangle)/\sqrt{2}$ へ変化する.(4) イオン2にブルーサイドバンドの π パルス,$R_2^{(+1)}(\pi, \pm\pi/2)$ を照射する.ベル状態,$-(|(g_1), e_2; 0\rangle \pm |(e_1), g_2; 0\rangle)/\sqrt{2} = -|\Psi^\pm\rangle|0\rangle$ が生成される.ベル状態 $|\Phi_\pm\rangle$ を作るにはさらに次の操作を加える.(5) イオン2にキャリア π パルス,$R_2^{(0)}(\pi, 0)$ を照射する.$-i(|(g_1), g_2; 0\rangle \pm |(e_1), e_2; 0\rangle)/\sqrt{2} = -i|\Phi^\pm\rangle|0\rangle$ が生成される.このように,イオンにレーザーパルスを個別にアドレスしてパルスを組み合わせることによって量子もつれ状態を発生することができる.

ベル状態の発生のほか,3粒子を使った量子テレポーテーションの実験,量子フーリエ変換,量子誤り訂正,シュレーディンガーの猫状態などの多粒子量子もつれ状態の発生などの検証実験が次々となされており,2005年くらいまでに小規模ながらイオンを使って量子計算が原理的に可能なことが実証されている.

b. 原子時計

原子の二つの準位間の遷移による吸収スペクトルの中心周波数に,レーザーやマイクロ波発振器の周波数が一致するように制御し,制御された発振器の周

期を積算することにより原子時計が実現されている．現在は，セシウム原子の基底状態の二つの準位（超微細構造準位といわれる）間の 9.19 GHz のマイクロ波遷移を使って原子時計が実現されている．イオントラップ中にレーザー冷却され，狭い領域に閉じ込められた 1 個のイオンは，光の遷移を使った次世代の原子時計の候補の一つで，1980 年代はじめにデーメルトにより提案された．イオンのもつ電気四重極遷移などの弱い禁制遷移は，3.3.4 項 b. で述べた方法を使ってキャリアスペクトルを観測することにより，運動による影響を受けない光吸収スペクトルを得ることができる．イオンは外部からの擾乱の小さい環境に置かれているため，このスペクトルの中心周波数のシフトは小さく，また，弱い遷移は，10^{15} Hz という光の周波数に対して，究極的なスペクトル幅が数 Hz 程度であるため非常に狭い．このため，原子時計に用いるには理想に近い系になっている．イオンを使った光領域の原子時計は，Ca^+，Sr^+，Yb^+，Hg^+ などを使って開発が進められた．最近では，検出の困難なイオンの量子状態を，振動状態を介して検出が容易なイオンの量子状態に移して検出する量子論理分光法が開発された．これにより，電気四重極シフトのない Al^+ イオンを用いて，セシウム原子時計の確度 10^{-15} に比べて 2 桁程度よい 1×10^{-17} 以下の確度が実証され，光格子時計とともに次世代原子時計の有力な候補となっている．

3.3.6 おわりに

イオンを用いた量子情報処理の研究は現在でも非常に精力的に進められている．ここでは，イオンに対するレーザーの個別アドレスによる量子状態操作のみ紹介したが，集団的アドレスによる大規模な量子もつれ状態の発生実験や量子ゲートの開発も行われており[10]，14 個の量子もつれ状態の発生も報告されている．また，大規模化に向けて，平面基板上にトラップ電極を集積化して，トラップ間でイオンを移動させて量子状態を操作するための技術開発や，レーザーを用いた操作の代わりに，操作の簡単な不均一な DC 磁場やマイクロ波磁場を用いた量子状態操作の手法の開発も進められている[11]．大規模化へのマイルストーンとして，規模の小さいアナログ量子シミュレーションの研究も進

められている[12]. 代表的なものは強磁性体のイジングモデルのシミュレーションで, 9個のイオンを使って量子相転移の実験などが行われている. 大規模な量子計算が果たして実現できるのか, できるとしたらどのような方式になるのか, どのくらいの時間がかかるのかなど, 現時点では予測はできない状況であるが, イオンを使った量子情報処理の研究は大きく発展しており, 量子力学の原理的な検証実験や原子時計の高精度化など周辺技術への波及効果も大きい.

[占部伸二]

参考文献
1) F. G. Major, V. N. Gheorghe and G. Werth, *Charged Particle Traps*, Springer (2005) chapter 2.
2) C. J. Foot, *Atomic Physics*, Oxford (2005) chapter 9.
3) D. Leibfried, R. Blatt, C. Monroe and D. J. Wineland, *Rev. Mod. Phys.*, **75**, 281 (2003).
4) S. Haroche and J. M. Raimond, *Exploring the Quantum*, Oxford (2006) chapter 8.
5) J. I. Cirac and P. Zoller, *Phys. Rev. Lett.*, **74**, 4091 (1995).
6) C. Monroe, D. M. Meekhof, B. E. King, W. M. Itano and D. J. Wineland, *Phys. Rev. Lett.*, **75**, 4714 (1995).
7) F. Schmidt-Kaler *et al.*, *Nature*, **422**, 408 (2003).
8) C. F. Roos *et al.*, *Phys. Rev. Lett.*, **92**, 220402 (2004).
9) C. W. Chou, D. B. Hume, J. C. J. Koelemeij, D. J. Wineland and T. Rosenband, *Phys. Rev. Lett.*, **104**, 070802 (2010).
10) R. Blatt and D. J. Wineland, *Nature*, **453**, 1008 (2008).
11) D. J. Wineland and D. Leibfried, *Laser Phys. Lett.*, **8**, 175 (2011).
12) R. Blatt and C. F. Roos, *Nature Phys.*, **8**, 277 (2012).

3.4
光の波長を変える非線形光学結晶

3.4.1 はじめに

　レーザーの波長域を拡げるために，非線形光学効果を用いた波長変換が行われている．1960年のメイマン（Maiman）によるルビーレーザー発振の翌年，米ミシガン大学のフランケン（Franken）らが水晶を使って半分の波長347 nmの紫外光を発生させたのが最初の報告である．固体媒質の赤外レーザーは装置サイズが小さく，高ビーム品質，高繰り返しパルスでの動作が可能なことから産業界で普及しているが，今日，この赤外レーザーから可視・紫外領域の光を得るために波長変換技術が使用されている．代表的な例では，半導体レーザーの開発が遅れている緑色レーザー（ディスプレイ，レーザーポインターなど）や，検査・加工用の紫外レーザーなどがある．また，テラヘルツ電磁波の発生法として，非線形光学効果が使われている場合も多い．本節では，これら波長変換の基礎を解説し，後半では代表的な非線形光学結晶について紹介する．とくに，ここでは大阪大学の佐々木・森らが発見し，紫外光発生結晶として世界で利用されているホウ酸系非線形光学結晶 $CsLiB_6O_{10}$（CLBO）を具体的な例として取り上げる．

3.4.2 波長変換の基礎

a．屈折率分散と複屈折

　近赤外から紫外領域の光は，光学媒質（誘電体）中で主に構成原子の外殻電子に対して電子分極を誘起する．この誘起された振動双極子が放出する輻射波

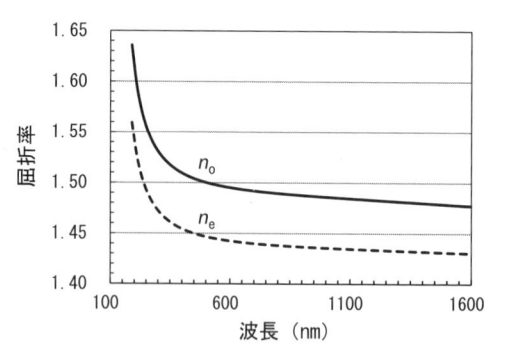

図3.4.1 非線形光学結晶 CLBO の屈折率分散

と入射光の「位相を考慮した総和」が，結晶中を伝搬する光となる．媒質中の光波速度に対する真空中の光波速度の比が屈折率であり，角周波数が高くなる（波長が短くなる）と増大し，共鳴周波数に向かって発散する．波長変換を考える上で，この屈折率の波長依存性（屈折率分散，近似式はセルマイヤー方程式と呼ばれる）が重要となる．異方性結晶では同一方向の入射光に対しても偏光方向によって屈折率が異なっており，これを複屈折と呼ぶ．異方性結晶であっても，複屈折を示さない入射方向（光学軸）があり，これが二つ存在する結晶を二軸性結晶，一つ存在する結晶を一軸性結晶と分類する．構造の対称性が比較的高い，正方晶系や三方晶系の結晶は一軸性結晶となる．屈折率の特性（分散，複屈折）によって後述の位相整合条件が決まり，結晶がどのような波長変換に利用できるかがおおよそわかる．正方晶の一軸性結晶 CLBO の屈折率分散を図3.4.1に，セルマイヤー方程式（単位は μm）を以下に示す．

$$n_o^2 = 2.2104 + \frac{0.01018}{\lambda^2 - 0.01424} - 0.01258\lambda^2$$

$$n_e^2 = 2.0588 + \frac{0.00838}{\lambda^2 - 0.01363} - 0.00607\lambda^2$$

$$(0.1914\ \mu m < \lambda < 2.09\ \mu m)$$

結晶の z 軸（光学軸）に垂直な偏光成分が感じる常屈折率 n_o と平行な偏光成分が感じる異常屈折率 n_e の二つの分散がある．紫外領域では共鳴吸収の影響が大きく，赤外領域の影響は小さいことがわかる．方程式の第2項はこの紫外

側の共鳴吸収を表現し，第3項は赤外側の屈折率分散と関係している．二軸性結晶の場合は，各誘電主軸に平行な屈折率がそれぞれ異なるため，三つの分散特性で表現される．

b．非線形光学効果

中心対称性のない結晶（非線形光学結晶）中で誘起される「非対称に変位する電子分極波」（図3.4.2 (a)）には，図3.4.2 (b) に示すような印加光電界（基本波）と同一角周波数 ω の成分に加え，二倍角周波数 2ω（第二高調波，波長は基本波の半分），および直流成分が含まれていることがフーリエ解析からわかる．エネルギー保存則から考えると，角周波数 ω の基本波2光子から第二高調波の1光子が一つ生成する次式の関係となる．

$$\hbar\omega + \hbar\omega = \hbar 2\omega \tag{3.4.1}$$

レーザーのような高強度電場の光を入射すると光電界強度の2乗に比例してこの第二高調波成分が発生する．通常，この成分は結晶内の各所で生じる波の干渉によって減衰するが，後述する位相整合を満たすことで重畳効果が得られれば十分な出力となる．第二高調波の分極電界成分 $P^{(2\omega)}$ と入射電界 $E^{(\omega)}$ は

$$P^{(2\omega)} = d^{(2\omega)} E^{(\omega)} E^{(\omega)} \tag{3.4.2}$$

の関係で表され，誘電分極の2次成分であることから2次の非線形光学効果と

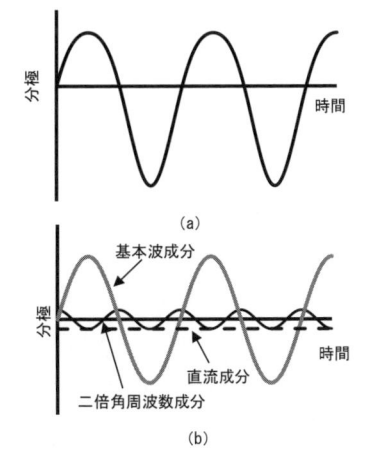

図3.4.2 (a) 非対称振動する分極波，(b) 三つの成分に分解した図

呼ばれている．入射レーザー光の半分の波長を出力する第二高調波発生 (Second-Harmonic Generation, SHG) は，代表的な2次の非線形光学効果である．分極の大きさは係数の非線形光学定数 d に依存しており，非対称構造で，分極率の大きな原子団をもつ場合に値が大きくなる．各非線形光学結晶において，d は入射方位・偏光方向に依存するテンソル量で，球座標 (θ, ϕ) で表現される．これらの方位依存性を考慮したスカラー量，実効非線形光学定数 $d_{\mathrm{eff}}(\theta, \phi)$ が一般に用いられる．結晶の屈折率分散からある波長変換の位相整合方位および d_{eff} が決まる．ここで十分な大きさの d_{eff} が得られるかどうかが，求められる波長変換に応用できるかどうかの鍵になる．

c．位相整合（第二高調波発生）

非線形振動波が重畳しながら伝搬するために，位相が揃う屈折率条件を位相整合と呼ぶ．図による理解を進めるため，まず異方性結晶の屈折率面を説明する．一軸性結晶において，形式上 $n_\mathrm{o} > n_\mathrm{e}$ の場合を負，逆を正の一軸性結晶と呼ぶ．波面伝搬方向を原点からとったベクトル $\boldsymbol{k}$ で表し，二つの直交する偏光方向の屈折率を原点からの距離で表示した二重曲面，屈折率面（負の一軸性結晶，xz 断面）は図3.4.3のようになる．光軸は z 軸方向にあり，光軸に対し垂直な偏光成分は入射方位によって屈折率が変化しないため常光と呼ばれ，常屈折率 n_o と表記される．光軸を含む面内にあり，常光に垂直な偏光成分の屈折率は入射方位 θ に依存して変化するため異常光と呼ばれ，異常屈折率 $n(\theta)$（$\theta = 90°$ のときに n_e）で表記される．

$$n(\theta) = \frac{1}{\sqrt{(\sin\theta/n_\mathrm{e})^2 + (\cos\theta/n_\mathrm{o})^2}} \tag{3.4.3}$$

n_o は球面，$n(\theta)$ は回転楕円面になり，それぞれ実線と破線で表現している．図3.4.3は角周波数 ω とその第二高調波 2ω に対する屈折率面を描いたもので，図3.4.1の分散からもわかるように高周波側の 2ω の屈折率面が大きくなる．十分に大きな複屈折 $\Delta n = n_\mathrm{o} - n_\mathrm{e}$ をもつ非線形光学結晶では，図3.4.3に示すように角周波数 ω とその第二高調波 2ω の屈折率に対し，

$$n^{2\omega}(\theta_{\mathrm{pm1}}) = n_\mathrm{o}^{\omega} \tag{3.4.4}$$

となる条件が存在する．この角度 θ_{pm1} に常光偏光で基本波 ω を入射すると，

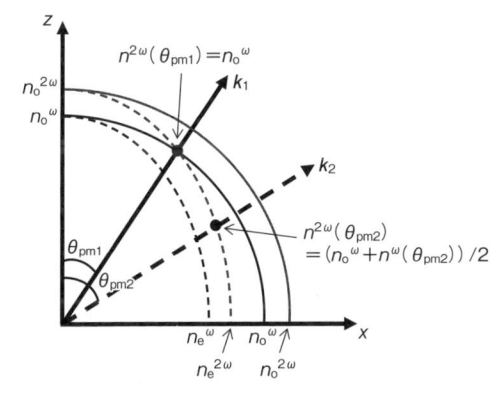

図 3.4.3 一軸性結晶の SHG の位相整合方位
角度 θ_{pm1} でタイプ 1，角度 θ_{pm2} でタイプ 2 位相整合が可能になる

結晶内で生じた異常光成分の第二高調波 2ω は ω 光と同一速度で媒質中を伝搬する．その結果，結晶中で発生する 2ω 光の位相はすべて揃い，増幅を続けながら伝搬する．これを SHG のタイプ 1 位相整合条件と呼ぶ．また，

$$n^{2\omega}(\theta_{pm2}) = \frac{n_o^\omega + n^\omega(\theta_{pm2})}{2} \tag{3.4.5}$$

となる条件でも 2ω 光は増幅される．これをタイプ 2 位相整合と呼ぶ．タイプ 2 の SHG では基本波は常光と異常光の両成分が必要となるため，通常，軸方位（光軸）から斜め 45° に傾けた直線偏光で入射して波長変換を行っている．これらの関係は運動量 $\hbar k = \hbar 2\pi n/\lambda$ の保存則から導かれており，タイプ 1 で基本波 2 光子の運動量と第二高調波 1 光子の運動量の関係から，

$$\frac{n_o^\omega}{\lambda^\omega} + \frac{n_o^\omega}{\lambda^\omega} = \frac{n^{2\omega}(\theta_{pm1})}{\lambda^{2\omega}} \tag{3.4.6}$$

となる．ここで $\lambda^{2\omega} = \lambda^\omega/2$ を用いると，上述の位相整合条件と一致する．また，入射側の運動量の一つの n_o^ω を $n^\omega(\theta_{pm2})$ とすればタイプ 2 が導ける．

複屈折は x，y 軸方位が最大になるため，角度 90° の位相整合条件が短波長側の限界波長となる．より短い波長の光を発生させるには，吸収端波長が短く，複屈折が大きい結晶であることが望まれる．

波長変換応用を考える場合，ある所望の波長変換に対し，候補材料の非線形光学結晶の屈折率から位相整合角 θ_{pm} を導く．二軸性結晶の場合は ϕ 方向も位

相整合と関係するため (θ_{pm}, ϕ_{pm}) を求める．次に，そのときの実効非線形光学定数 d_{eff} が十分に大きいかを検討する．CLBO は d_{eff} が

$$d_{eff}(\text{type1}, \theta, \phi) = d_{36} \sin\theta \sin 2\phi \qquad (3.4.7)$$

という依存性をもつため，θ が大きくなる短波長発生において有望な結晶とわかる．ϕ は位相整合とは関係しないため，d_{eff} が最大値となる $45°$ を選ぶ．CLBO と同じ結晶点群に属する KH_2PO_4 (KDP) は d_{eff} の方位依存性が同じであり，d_{36} 値が異なる．結晶によっては最短波長に近づくにつれて，d_{eff} が 0 になる場合もある．以下に，具体的な計算例を示す．CLBO を用いて緑色光 ω (0.532 μm) から紫外光 2ω (0.266 μm) の発生を検討する．図 3.4.1 のセルマイヤー方程式に，波長を代入（単位は μm に注意）すると表 3.4.1 の値が得られる．

表 3.4.1　CLBO の屈折率

波長 (μm)	n_o	n_e
ω (0.532)	1.4982	1.4451
2ω (0.266)	1.5458	1.4849

これをもとに図 3.4.3 の作図や $n^{2\omega}(\theta)$ の計算が可能となり，n_o^ω と一致する θ を求めると，$61.4°$ とタイプ 1 位相整合角が決まる．CLBO は文献から $d_{36}(532\,\text{nm}) = 0.92\,\text{pm/V}$，$\phi$ は $45°$ とするので，$d_{eff} = 0.81\,\text{pm/V}$ という値が求まる．これは波長 300 nm 以下の紫外領域への波長変換を行う材料としては，比較的大きな値となっている．非線形光学結晶のデータ，簡単な理論は文献 1) にまとめられている．また，AS-Photonics 社の Arlee Smith によりフリーソフトの SNLO が開発されており，非線形光学結晶のデータ，位相整合角の計算などができるようになっている[2]．

d. 第二高調波発生

SHG（タイプ 1）を例に高変換効率を得る諸条件について考察する．変換効率は非線形分極項を含んだマクスウェル方程式から得られるが，ここでは結論のみを用いて議論する．基本波の角周波数を ω，位相整合時の屈折率を n，結晶長を l，実効非線形光学定数を d_{eff}，ビーム断面積を A，基本波の強度（パワー）を P_ω，$\Delta k = k^{2\omega} - 2k^\omega$ とし，基本波光の減衰を無視できると仮定する

と，変換効率 η_{SHG-1} は

$$\eta_{SHG-1} = \frac{2}{\epsilon_0 c^3} \frac{\omega^2 d_{\text{eff}}^2 l^2}{n^3} \left(\frac{\sin(\Delta kl/2)}{\Delta kl/2}\right)^2 \frac{P_\omega}{A} \tag{3.4.8}$$

と得られる．ϵ_0 は真空の誘電率，c は光の速度である．式中の $(\sin(\Delta kl/2)/(\Delta kl/2))^2$ は sinc 関数と呼ばれる関数で，$\Delta k=0$ のときに最大値 1 をもつ．この $\Delta k=0$ を屈折率の関係で示したものが上述の位相整合条件となる．高い変換効率を得るためには，d_{eff} が大きい結晶を用い，素子長 l を長くし，ビーム強度 P_ω/A を高くすることが考えられる．一方，現実には ω 光と 2ω 光のエネルギー伝搬方向に角度ずれ（ウォークオフ角 ρ）が存在し，さらに波長変換に伴う ω 光強度の減衰も生じるため，素子長に対して l^2 の関係で変換効率が上昇しないことが多い．また，ビーム強度を高めるためにレーザー光を集光すると素子長方向で A が一定でなくなることから，A，l，ρ との関係で最適な集光条件が存在することが知られている[3]．また，位相整合条件は，位相整合角からの角度ずれ，温度変化，波長変化に対して $\Delta k \neq 0$ となる．sinc 関数が最大値の半分の 0.5 になる角度ずれ幅を許容幅と呼ぶ．同様に，温度許容幅，波長許容幅がある．広い許容幅の波長変換素子は，光学調整が簡単で出力も安定するため実際の応用には好ましい．また，ウォークオフ角が小さい場合，長い素子長が有効利用できることから変換効率の点で，またビーム品質の点で有利である．基本波の共振器の内部に波長変換素子を挿入し，高強度基本波から波長変換を行う場合がある（内部共振器型 SHG，intracavity SHG）．

e. 擬似位相整合

SHG を行う際，複屈折位相整合条件を満足しないと第二高調波の位相は揃わず，強度はある伝搬距離を周期として増減を繰り返す．強度の増減周期に着目し，減少に転じる部分の非線形分極波の位相（すなわち非線形光学定数の符号）を周期的に反転させ，減少を抑えて SHG 出力を得る方法が実現している．参考書としては，文献 4) がよくまとまっている．強誘電体結晶 LiNbO$_3$（LN）などの自発分極を外部電界印加によって周期的に反転させる方法が一般的で，この波長変換を擬似位相整合（Quasi-Phase Matching, QPM）と呼ぶ．第二高調波強度はコヒーレンス長

$$l_c = \frac{\lambda_\omega}{4(n^{2\omega} - n^\omega)} \quad (3.4.9)$$

の2倍の長さを周期として増減するので，分極反転は l_c 間隔で行う（分極反転周期は $2l_c$ となる）．LN などの結晶で赤外光を緑色光に変換する場合は $l_c = 3 \sim 4\,\mu\text{m}$，青色光に変換する場合は $l_c = 1.5 \sim 2.5\,\mu\text{m}$ となる．QPM は分極反転の形成が可能であるなら，「複屈折の小さい材料にも利用できる」「d の最大成分を利用できる」「透明領域内の任意の波長で位相整合が可能になる」といった特徴を有している．大きな d 値が使えるので連続波レーザーのシングルパスでも十分な波長変換が可能となり，可視光や近紫外領域への波長変換，後述の OPO などで積極的に応用され始めている．LN は最大成分 d_{33} を用いることができるが，この場合は z 偏光の基本波入射に対して，d_{33} を介した非線形光学効果によって z 偏光の高調波が発生する．このような入出射光の偏光がすべて平行な波長変換をタイプ0と呼び，QPM 素子で実現できる．また，QPM はウォークオフ角が 0° になるため，高効率変換，良好なビーム品質を得ることができる．

f. 和周波発生・差周波発生

2次の非線形光学効果を使った波長変換では，SHG 以外に第三高調波発生（Third-Harmonic Generation, THG）やさまざまな和周波発生（Sum-Frequency Generation, SFG），差周波発生（Difference-Frequency Generation, DFG），光パラメトリック発振（Optical Parametric Oscillation, OPO）が使われている．SHG に比べてこれらの位相整合条件がわかりにくいので，少しここで解説したい．SHG の分極波 $P^{(2\omega)}$ は，角周波数 ω の入射電界 $E^{(\omega)}$ の2乗に比例して発生していると説明してきた．ここで，波長の異なる二つの入射光電界の積から，第3の光が生じる場合も同様に考えることができ，この場合を和周波発生 SFG と呼ぶ．波長 λ_1, λ_2 の入射光の SFG によって，λ_3 の光が得られると考える．光のエネルギー保存則から三つの波長の関係は，

$$\frac{1}{\lambda_3} = \frac{1}{\lambda_1} + \frac{1}{\lambda_2} \quad (3.4.10)$$

となる．各波長の屈折率を n_1, n_2, n_3 で表すと，運動量保存則から

3.4 光の波長を変える非線形光学結晶

```
赤外固体レーザー    ω→2ω 532nm
Nd:YAG 1064nm    SHG(第二高調波発生)
                                    ω+2ω→3ω 355nm
                                    THG(第三高調波発生)

                 2ω→4ω 266nm        ω+4ω→5ω 213nm
                 4HG(第四高調波発生)   5HG(第五高調波発生)
```

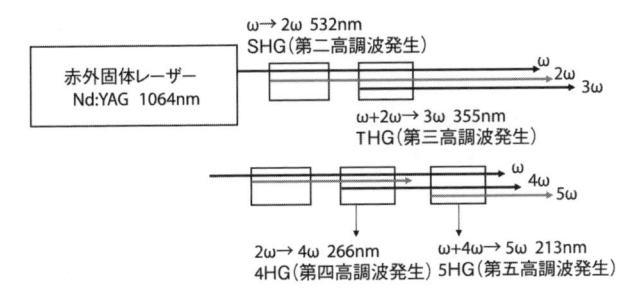

図 3.4.4 Nd:YAG レーザーの波長変換の例

$$\frac{n_3}{\lambda_3}=\frac{n_1}{\lambda_1}+\frac{n_2}{\lambda_2} \tag{3.4.11}$$

なる関係が導かれる．これが和周波発生における位相整合の関係式である．入射光 λ_1, λ_2 の偏光が平行な場合をタイプ 1，直交する場合をタイプ 2 と呼ぶ．上で述べた SHG の条件は，$2\lambda_3=\lambda_1=\lambda_2$ の SFG と考えることができる．SFG は組み合わせる波長によって SHG 限界波長よりも短波長の光を発生させることができる．CLBO の最短 SHG 波長は 237 nm であるが，SFG によって Nd:YAG レーザーの基本波 ω（1064 nm）の第五高調波発生（$\omega+4\omega=5\omega$）から 213 nm が得られ，Er 添加ファイバー増幅器の 1547 nm 光を基本波として第八高調波発生（$\omega+7\omega=8\omega$）によって 193 nm 光を得ることができる．$\omega+2\omega=3\omega$ の SFG 出力は，基本波からみて第三高調波となるため慣習的に THG と呼ばれている．THG の場合の位相整合条件は

$$3n^{3\omega}=2n^{2\omega}+n^{\omega} \tag{3.4.12}$$

となる．第四高調波発生（Fourth-Harmonic Generation, 4HG）は，基本波のレーザーに対して SHG を 2 段階行った場合を指す．図 3.4.4 に固体レーザーの代表格である Nd:YAG レーザーの波長変換の具体例を示す．

差周波発生 DFG は，入射した二つの角周波数の差分の光が発生する．SFG の入射光の和の関係を差に変えたものが，それぞれエネルギー保存則，運動量保存則として成り立っている．DFG は波長の近い二つの入射光を用意することで，その差分によって中赤外やテラヘルツ波のような長波長の電磁波を発生する際に利用されている．

また，波長可変レーザーとして，光パラメトリック発振 OPO が実現してい

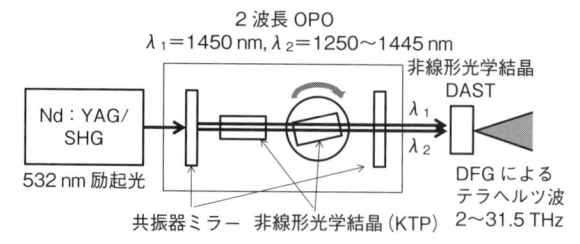

図3.4.5 OPOによる2波長赤外光の発生とDFGによるテラヘルツ波発生の例

るが，これも非線形光学結晶を用いた波長変換の例である．SFGの関係式から次のように考えると理解しやすい．波長 λ_3 の短波長光を励起光として用いる．長波長の λ_1, λ_2 のいずれか，あるいは両方に対して構成した高反射の共振器内に波長変換素子（位相整合条件が必須）を挿入し，励起光を入射する．あるしきい値強度以上の励起光を入射することで，共振器内でノイズから発生した長波長光 λ_1 あるいは λ_2 は共振器内を往復しながら増幅し，SFGの式（3.4.10）の左辺から右辺へのエネルギー変換がレーザーのような発振現象を伴って生じる．波長変換素子の角度を変化させることで位相整合条件が変化し，出力波長をチューニングできるようになる．図3.4.5にNd:YAGレーザーのSHG光をOPOの励起光源として，KTP二つから出力した赤外光のDFGでテラヘルツ波を出している光学系を示す．

3.4.3 主な非線形光学結晶

a. KDP（KH_2PO_4）

水溶液中で大型結晶が成長できるため，ビーム径の大きなQスイッチNd:YAGレーザーの第二，第三，第四高調波の波長変換素子として使われている．また，ポッケルス効果（1次の電気光学効果）を使ったQスイッチ素子や変調素子としても利用されている．レーザー核融合では大口径（40〜50 cm角断面）の光学素子が必要となっており，世界中で超大型結晶の高速育成技術の開発が進められている（図3.4.6）．

図 3.4.6　大阪大学で育成した大型 KDP

b．KTP（KTiOPO$_4$）

　非線形光学定数が大きく，Nd：YAG レーザーの第二高調波発生，光パラメトリック発振 OPO による赤外光発生などに用いられる．緑色光発生時に生じるグレイトラックなどの光損傷が出力を制限するため，フラックス成長や水熱合成法など，さまざまな育成法や成長条件による高レーザー損傷耐性結晶の開発が進められている．緑色レーザーポインターの中で，Nd：YVO$_4$ レーザーの赤外光の SHG を行う素子として普及している．可視光波長変換を行う擬似位相整合（Quasi-Phase Matching，QPM）素子として，電界印加によって周期分極反転を形成した PP-KTP（Periodically Poled KTP）も開発されている．現在，産業用途の緑色光源にはバルク KTP，あるいは後述の PPLN，LBO が一般的に用いられている．

c．LN（LiNbO$_3$）

　LN は QPM の素子開発がもっとも進んでいる材料である．周期電極による電界印加法を用いて作製された周期分極反転素子 PPLN（Periodically Poled LN）では，通常の複屈折位相整合では利用できない大きな非線形成分を使った高効率変換が広い波長域で可能になる．フォトリフラクティブ損傷（光誘起屈折変化）がデバイス開発の大きな障害となっていたが，MgO の添加によって損傷耐性が大幅に向上し，信頼性の高い MgO：PPLN が実現している．QPM 素子は緑色光，青色光の発生のほか，差周波発生，OPO を使った光通信

帯域の赤外光，中赤外の 2～10 μm 光，テラヘルツ波の発生も盛んに行われている．一致溶融組成から CZ 法で成長させる CLN（Congruent LN）が一般的であるが，不定比欠陥を制御した化学量論比結晶 SLN（Stoichiometric LN）も開発されている．

d． β-BBO（β-BaB$_2$O$_4$）

層状構造をもつため屈折率の異方性が強く，複屈折が大きいことから第二高調波発生 SHG 限界波長は 205 nm と短い．非線形光学定数はホウ酸系結晶のなかで比較的大きい．Nd：YAG レーザーの第四，第五高調波発生が可能であるが高出力パルス光源には適していないため，連続波の紫外光源などに用いられている．薄い素子を必要とする超短パルスの波長変換特性が優れており，可視，紫外光のフェムト秒パルス発生に利用されている．非線形光学活性な β 相は低温相であるため，相転移温度以下で成長させるフラックスを用いた CZ 法育成が一般的である．一方で，融液から直接 β 相結晶を成長させる技術も開発され，フラックス成分の Na 不純物を含まない高純度結晶も登場している．

e． LBO（LiB$_3$O$_5$）

波長 160 nm まで透明であるが，複屈折が小さいために SHG の限界波長は 277 nm と長くなる．Nd：YAG レーザーの第二，第三高調波発生に適しており，多くの産業用レーザーに搭載されている．とくに，第二高調波発生素子は約 150℃ に加熱すると非臨界位相整合という特殊な条件を実現でき，効率，ビーム品質の点で優れている．非線形光学定数は KTP，PPLN に比べて小さいが，レーザー損傷耐性に優れていることから利用が広がっている．低粘性の Mo 系フラックス，大容量溶液の撹拌技術が開発された結果，結晶の大型化が急速に進み，大口径の波長変換素子が作製されている．2012 年には中国で重量 3.87 kg の結晶が製造され，断面 15 cm 角，厚さ 1.5 cm の波長変換素子が実現している．

f． CLBO（CsLiB$_6$O$_{10}$）

CLBO（図 3.4.7）は波長 180 nm まで透明で，複屈折が LBO よりも大きい

図 3.4.7 非線形光学結晶 CLBO

ことから Nd：YAG レーザーの第四，第五高調波の波長変換が可能になる．非線形光学定数は BBO よりも小さいが，短波長紫外光発生時に実効非線形光学定数が大きくなり，角度・温度の許容幅が広く，ウォークオフ角が小さいため，高出力パルス紫外光波長変換で優れた特性を示す．第四高調波では平均出力 42 W（7 kHz パルス動作），第五高調波では 10.2 W（10 kHz）の紫外光発生が報告されている．また，和周波発生を利用する 193 nm 光発生素子も実用化している．潮解性によって結晶が劣化しやすいが，加工・研磨技術や素子の取り扱い条件などが確立した結果，産業用の紫外光源で広く使われるようになっている．結晶はセルフフラックスを用いた TSSG 法による育成が一般的である．

g. 中赤外・テラヘルツ波発生用非線形光学結晶

差周波発生，光整流効果などを用いて，非線形光学結晶による中赤外，テラヘルツ波発生の研究が盛んになっている．上述の LN に加え，無機材料では GaP, ZGP（$ZnGeP_2$）などの結晶が用いられている．最近では，ウェハ接合技術，エピタキシャル成長技術などを使った QPM 素子も登場している．低分子有機結晶では，図 3.4.8 のスチルバゾリウム誘導体の DAST（4-N,N-dimethylamino-4-N'-methyl-4-stilbazolium tosylate）が巨大な超分子分極率のカチオンを有し，光波とテラヘルツ波で位相整合，速度整合するため広く研究されている．as-grown の平板状結晶をそのまま素子として使うが，1.1 THz の強い共鳴吸収によってこの近傍の周波数帯が分光に利用できない制約がある．

3.0×2.5×0.36mm³
図 3.4.8　DAST 結晶

3.4.4　おわりに

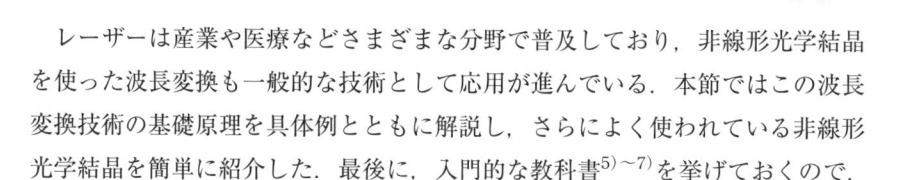

　レーザーは産業や医療などさまざまな分野で普及しており，非線形光学結晶を使った波長変換も一般的な技術として応用が進んでいる．本節ではこの波長変換技術の基礎原理を具体例とともに解説し，さらによく使われている非線形光学結晶を簡単に紹介した．最後に，入門的な教科書[5]〜[7]を挙げておくので，この分野に興味をもたれた方は参考にしていただきたい．

［吉村政志］

参考文献
1) V. G. Dmitriev, G. G. Gurzadyan and D. N. Nikogosyan, *Handbook of Nonlinear Optical Crystals*, 3rd ed., Springer（1999）．
2) http://www.as-photonics.com/SNLO/
3) G. D. Boyd and D. A. Kleinman, *J. Appl. Phys.*, **39**, 3597（1968）．
4) 宮澤信太郎，栗村　直監修，分極反転デバイスの基礎と応用，オプトロニクス社（2005）．
5) A. Yariv 著，多田邦雄，神谷武志監訳，光エレクトロニクス―展開編―，丸善（2000）．
6) 黒田和男著，非線形光学，コロナ社（2008）．
7) 服部利明著，非線形光学入門，裳華房（2009）．

4 光で探る世界

4.1 超精密な生産技術の基盤となる光計測

4.2 ミクロの世界を探索する──ミクロ分子分光

4.3 エレクトロニクスとフォトニクスをつなぐ
　　テラヘルツテクノロジー

4.4 光で探索する超伝導の世界

4.1
超精密な生産技術の基盤となる光計測

4.1.1　超精密とは？

　「ナノテクノロジー」は，今では，世界的に一般の人たちにもよく認知された用語となっている．しかし，「ナノテクノロジー」が日本人科学者によって創られた用語であることを知っているひとはそれほど多くないと思われる．1974年，東京で開催された生産技術国際会議における谷口紀男博士の講演[1]のなかで，世界ではじめて「ナノテクノロジー（nano-technology）」という用語が使われた．現在では，原子1個や分子1個を対象とした広い科学技術領域を表す用語として用いられているが，当初は「ナノテクノロジーとは加工精度が1 nm（ナノメートル；1 mmの百万分の一）程度の製品を作り出す総合生産技術で，超精密加工組立法，超精密寸法測定法，超精密位置制御法の三つの固有技術分野を統括・整合する一つのシステム生産技術」[2],[3]と提唱されている．そして光計測は，「超精密」を実現するナノテクノロジーにおいて重要な役割を果たしている．

　では，「超精密」とはどういうことであろうか？　ものづくりのもっとも基本となる技術は，材料に形を与えること，すなわち（表面創成も包括した意味での）形状創成である．一般に，その精度は幾何特性（geometrical characteristic）あるいは幾何公差（geometrical tolerance）によって評価される．たとえば図4.1.1は，部品Bが部品Aの案内溝を真直かつ滑らかに運動できる移動ステージの製作において，部品Aの精度評価に必要な幾何特性を示している．具体的には，面aと面bの平面度や平行度，面cの表面粗さなど，形体（feature）の4要素と呼ばれる寸法，形状，姿勢，位置および表面微細形状で

4.1 超精密な生産技術の基盤となる光計測

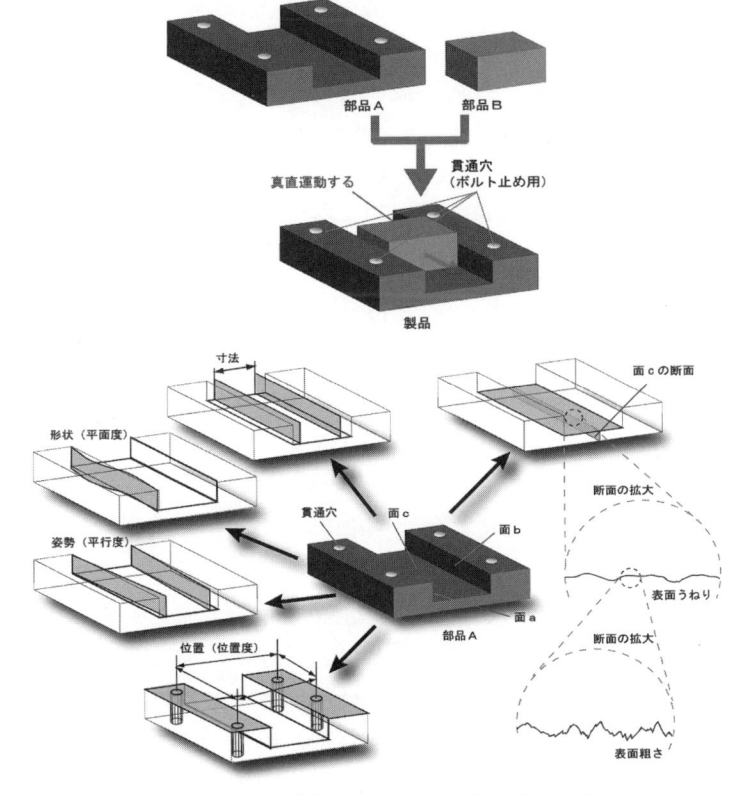

図 4.1.1 幾何特性（形体の 4 要素および表面微細形状）の一例

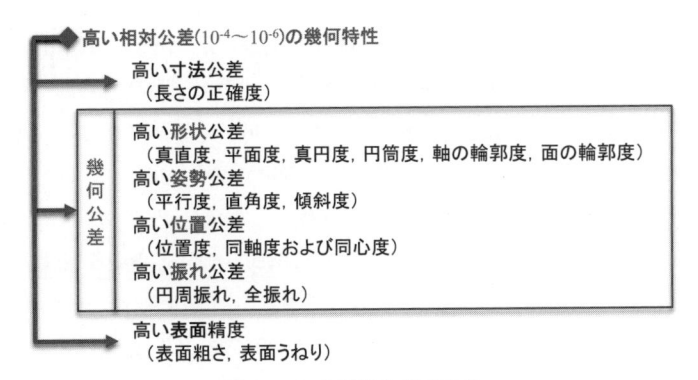

図 4.1.2 超精密と幾何特性

- ▶ 高い相対公差(10^{-4}〜10^{-6})の幾何特性
  - 高い寸法公差
    （長さの正確度）
  - 幾何公差
    - 高い形状公差
      （真直度, 平面度, 真円度, 円筒度, 軸の輪郭度, 面の輪郭度）
    - 高い姿勢公差
      （平行度, 直角度, 傾斜度）
    - 高い位置公差
      （位置度, 同軸度および同心度）
    - 高い振れ公差
      （円周振れ, 全振れ）
  - 高い表面精度
    （表面粗さ, 表面うねり）

ある.また,精度の評価指標として,たとえば寸法の評価の場合,寸法偏差/基準寸法の比によって表される,相対公差が用いられる.

以上のように,精密な形状創成の意味を精確な幾何量(geometrical quantity)の実現であると考えれば,「超精密」とは,相対公差が 10^{-4}〜10^{-6} の高い幾何特性(詳細は図 4.1.2 を参照)のことであるといえる.対象の大きさ(基準寸法)が 10 mm の場合,絶対公差が 1 μm〜10 nm の「超精密」加工が要求され,これを測定評価(あるいは精度保証)するためには,さらに 1 桁高い精度である 0.1 μm〜1 nm の「超精密」計測が必要とされる.すなわち,「超精密」なものづくりを実現するためには,製造装置を高い分解能,高い再現性で正確に運動制御し,加工された部品の幾何量を高精度に測定評価できる,「超精密」な光計測が必要不可欠となっている.

4.1.2 長さの定義と光

ナノメートルの分解能が求められる超精密な幾何量計測を実現し,その精度を保証するためには,そのもっとも基本となる「長さ」の単位を精確に定義するとともに,計測の基準となる長さ標準がナノメートルを超える精度で実現されなければならない.ここでは,光と密接な関係にある,「長さ」の単位とそれを実現するための原理について述べる.

a. 波長標準

「長さ」の単位メートル[m]は,国際単位系 SI(Systéme International d'Unités)における七つの基本単位(長さ[m],質量[kg],時間[s],電流[A],熱力学温度[K],光度[cd],物質量[mol])の一つとして定められている.1983 年の第 17 回国際度量衡総会 CGPM(Conférence Générale des Poids et Mesures)で次のように定義された.

「1 m は 1 秒の 299,792,458 分の 1 の時間に,光が真空中を伝わる行程の長さ」

このように,メートルは真空中の光速度 $c_0 = 299,792,458$ [m/s] と時間 t [s] によって定義されているが,実際には実用的に利用可能な長さ標準が必要であ

表 4.1.1　CGPM が推奨する波長標準（2012 年 9 月現在のリストから一部を抜粋）

レーザーの名称	吸収原子・分子	周波数 [kHz]	波　長 [fm]	相対標準不確かさ ($k=1$)
486 nm 色素レーザー周波数の 2 逓倍	^{1}H	1 233 030 706 593.55	243 134 624.626 04	2.0×10^{-13}
871 nm 半導体レーザー周波数の 2 逓倍	^{171}Yb	688 358 979 309.312	435 517 610.739 69	2.9×10^{-14}
934 nm 色素チタンサファイアレーザー周波数の 2 逓倍	^{171}Yb	642 121 496 722.6	466 878 090.061	4.0×10^{-12}
Ar$^+$レーザー	^{127}I$_2$	582 490 603 442	514 673 466.368	8.6×10^{-12}
1064 nmNd：YAG レーザー周波数の 2 逓倍	^{127}I$_2$	563 260 223 513	532 245 036.104	8.9×10^{-12}
He-Ne レーザー	^{127}I$_2$	473 612 353 604	632 991 212.579	2.1×10^{-11}
He-Ne レーザー	CH$_4$	88 376 181 600.18	3 392 231 397.327	3×10^{-12}

る．その実現方法としては，光の周波数を ν[Hz]，波長を λ[m] とすると，次の 3 通りが考えられる．

(1) 時間 t の測定によって求めた，長さ $L=c_0 t$ を用いる．
(2) 周波数 ν の測定によって求めた，波長 $\lambda=c_0/\nu$ を用いる．
(3) CGPM が定めたレーザーの波長標準を用いる．

(1) の場合，光が進む長さ 1 nm を計測するために 3.3×10^{-18} 秒という時間を計測する必要があり，非常に高分解能な時間計測が求められるため実用化が難しい．光計測に利用する「ものさし」としての実用性を考えた場合，(2) および (3) によって定められる光の波長は干渉計測にもそのまま使えるため利便性が高い．とくに (3) の波長標準は校正せずにそのまま利用でき，トレーサビリティ（traceability）が保証される利点もあるため，実用性の高い安定化レーザーによる波長標準の開発が進められている．現在，CGPM は 237 nm から 10.3 μm に至る 24 本の波長標準を定めている[4]．その一部を表 4.1.1 に示す．現在ではレーザーの発振原理，波長，不確かさ（uncertainty）の値において，多様な選択が可能となっているが，最初の波長標準は，図 4.1.3 に示すような構造をもつ，ヨウ素安定化 He-Ne レーザーによって実現された．その原理は，ピエゾ素子により共振器長を変化させて発振周波数を走査し，ヨウ素

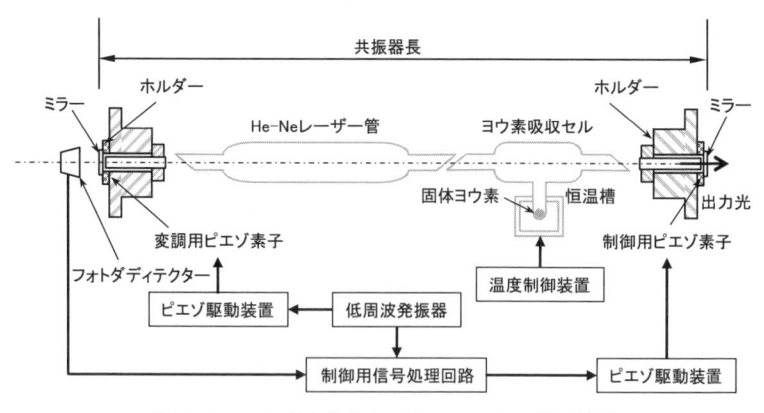

図4.1.3　ヨウ素安定化He-Neレーザーの基本構成

分子の共鳴周波数と一致したときに吸収が減少することを利用する飽和吸収分光法に基づいており，発振周波数をヨウ素分子の飽和吸収スペクトルの中心に安定化するものである．発振周波数がヨウ素分子の共鳴周波数より高い状態で共振器長が調整された場合，光軸方向（共振器内では双方向）への速度成分をもつヨウ素分子に対しては，ドップラーシフトによる見かけ上の周波数が共鳴周波数に一致するので，多数のヨウ素分子による吸収が起こる．しかし，共振周波数がヨウ素分子の共鳴周波数に一致したときには，ドップラーシフトの影響のない，速度0のヨウ素分子にのみ共鳴する状態となる．この条件を満足するヨウ素分子の数は減少し，それによって吸収も減少するため，レーザー出力の増加をもたらし，高い安定度が実現される．なお，ヨウ素分子は可視光領域で2万本以上の吸収線を有し，さらに線幅が細い．したがって，共鳴スペクトルを容易に見つけられ，ノイズ成分の低減も図ることができるため，レーザーの周波数安定化基準として選定された．日本では，1993年11月に特定標準器に指定されて以来15年間，ヨウ素安定化He-Neレーザーが国家標準と定められていた（後述のように，現在は光コム装置）．ちなみに，特定標準器の正式名称は，「長さ用633ナノメートルよう素分子吸収線波長安定化ヘリウムネオンレーザ装置」である．表4.1.1に示すように，ヨウ素安定化He-Neレーザーは，波長の値632 991 212.579 fmに対し，12桁の精度が保証されている．

b. 光周波数コム

ヨウ素安定化 He-Ne レーザーは装置の寿命および堅牢性などの点で実用には不向きであるため，主に校正用の特定標準器として利用され，実際の超精密計測用途には，ゼーマン効果（Zeeman effect）などを利用した実用波長安定化 He-Ne レーザーが用いられている．ヨウ素安定化 He-Ne レーザーを用いた校正によって，約 9 桁の精度が保証されている．He-Ne レーザーの発振幅は 1 GHz 程度であるので，特定標準器を用いて実用波長安定化 He-Ne レーザーの波長校正を行う場合の周波数差も 1 GHz 以下となる．これはフォトディテクターが十分追従できる周波数である．そこで，ヨウ素安定化 He-Ne レーザーからの光と実用波長安定化 He-Ne レーザーからの光を平行に重ね合わせることにより，その周波数差で振動する光ビートを発生させ，フォトディテクターで検出したビート信号を周波数カウンターで測定すれば，実用波長安定化 He-Ne レーザーの周波数を比較的簡単に校正することができる．

一方，波長標準の考え方によって開発された種々の安定化レーザーを用いる場合，発振波長が安定化レーザーごとに一つであるため，上述のような光ビートを利用した周波数の校正方法では，特定標準器の波長と近い，ごく限られた特定の波長しか校正することができない．近年，この問題点は光周波数コム（optical frequency comb）の登場によって解決された．光周波数コムを用いれば，多くの波長に対し，光ビートを利用した高精度な光周波数計測が可能となり，「長さ用 633 ナノメートルよう素分子吸収線波長安定化ヘリウムネオンレーザ装置」と比較した場合，光周波数の測定精度も 300 倍向上する（不確かさ 1/300）．このような長さ標準としての優れた特性により，エルビウム添加光ファイバーを増幅媒体とするモード同期ファイバーレーザーとフォトニック結晶ファイバーから構成される，「協定世界時に同期した光周波数コム装置」が 2009 年 7 月に新たな長さの国家標準（特定標準器）として指定された．

光周波数コムの出力電場 $E(t)$ の時間変化および周波数軸のスペクトル $\overline{E}(\nu)$ を図 4.1.4 に示す．光周波数コムは，図 4.1.4 の時間変化に示すように，パルス時間幅 Δt（100 fs 程度），繰り返し時間 T_{REP}（10 ns 程度）のモード同期パルスレーザーである．これを周波数軸でみると，発振モードが等しい周波数間隔（モード間隔周波数）ν_{REP}（100 MHz 程度）で並んでいる．その広がりはス

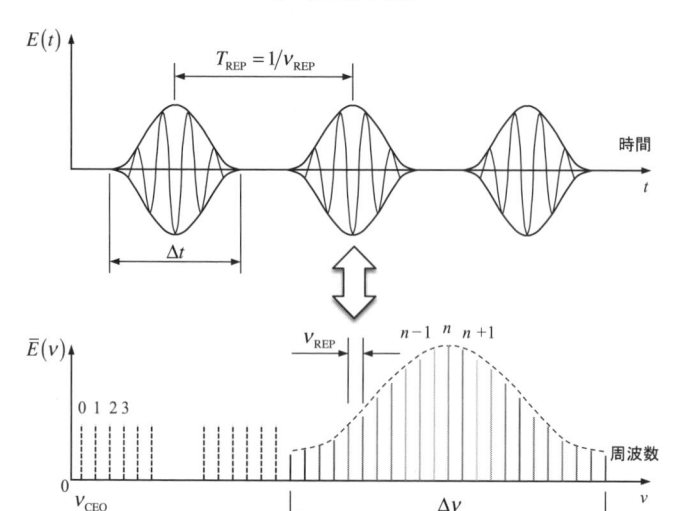

図 4.1.4 光周波数コム
時間軸の電場変化と周波数軸上のスペクトル

ペクトル幅 $\Delta\nu$ で 10 THz 程度であり，その範囲内に約 10^5 本の縦モードが含まれている．光周波数コムが実際に存在する範囲を超えて，仮想的に低周波数方向に ν_{REP} 間隔で外挿していくと，ちょうど 0 にはならず，キャリアエンベロープオフセット周波数（ν_{CEO}）と呼ばれる余りの周波数になる．この ν_{CEO} の番号を 0 とすると，光周波数コムの n 番目の周波数 ν_n は，$\nu_n = \nu_{CEO} + n\nu_{REP}$ で与えられる．n は 10^5 以上の整数なので，ν_{CEO} はマイクロ波領域の周波数となり，ν_{CEO} と ν_{REP} を測定できれば，n 番目の光周波数コムの周波数を正確に計算することができる．ν_{REP} は光周波数コムのマイクロ波周波数の入力であり，n 番目の光周波数コムの周波数 ν_n が光周波数の出力となっている．実際には，ν_{CEO} と ν_{REP} を分解能 1.4×10^{-15} 秒を有する原子時計などによる基準周波数に同期させることによって，高精度な光周波数を発生させることができる．したがって，光周波数コムを用いれば，マイクロ波を基準として，可視領域における光周波数の直接的な高精度計測が可能となる．これは，長さの定義が，a. 波長標準で挙げた（2）の方法で実現されたことに相当する．

4.1.3 変位の計測

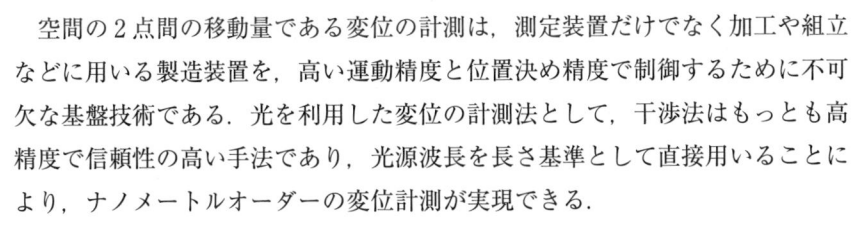

空間の2点間の移動量である変位の計測は，測定装置だけでなく加工や組立などに用いる製造装置を，高い運動精度と位置決め精度で制御するために不可欠な基盤技術である．光を利用した変位の計測法として，干渉法はもっとも高精度で信頼性の高い手法であり，光源波長を長さ基準として直接用いることにより，ナノメートルオーダーの変位計測が実現できる．

変位計測に用いられる干渉計は，2光束分割によるマイケルソン干渉計と多重反射を利用したファブリ–ペロー干渉計の二つのタイプに大別され，とくにレーザー光源を利用したものは，レーザー干渉測長計と呼ばれている．ここでは，実用的な変位計測技術として多用されているマイケルソン干渉計を取り上げ，さらにホモダイン方式とヘテロダイン方式による高分解能化の考え方について述べる．

a. ホモダイン干渉

まず，図4.1.5に示す，ホモダイン方式のマイケルソン干渉計による変位計測の原理を説明する．ホモダイン方式とは，同一周波数の二つの光波による干渉計測である．直線偏光レーザーの振動方向を二分の一波長板 $W^{1/2}$ によって調整し，偏光ビームスプリッター PBS に入射する．PBS では S 偏光が反射，P 偏光が透過し，それぞれ参照光 E_r と信号光 E_s に分割される．E_r は四分の一波長板 $W1^{1/4}$ によって円偏光となり，反射鏡 M1 によって反射された後再び $W1^{1/4}$ を通って P 偏光に変換され，PBS を透過して検光子 P に到達する．一方，E_s は移動鏡 M2 によって反射され，E_r と同様の偏光操作を受け，S 偏光となって P に到達する．P の偏光軸を E_r および E_s に対して 45° に調整することによって二つの光波を重ね合わせ（図4.1.5中，検光子の役割を参照），干渉光強度を検出器 D で検出することができる．

一般に，光の伝播方向を z 軸とするとき，位置 z，時刻 t における，振幅 a，周波数 ν および波長 λ の光の電場を，

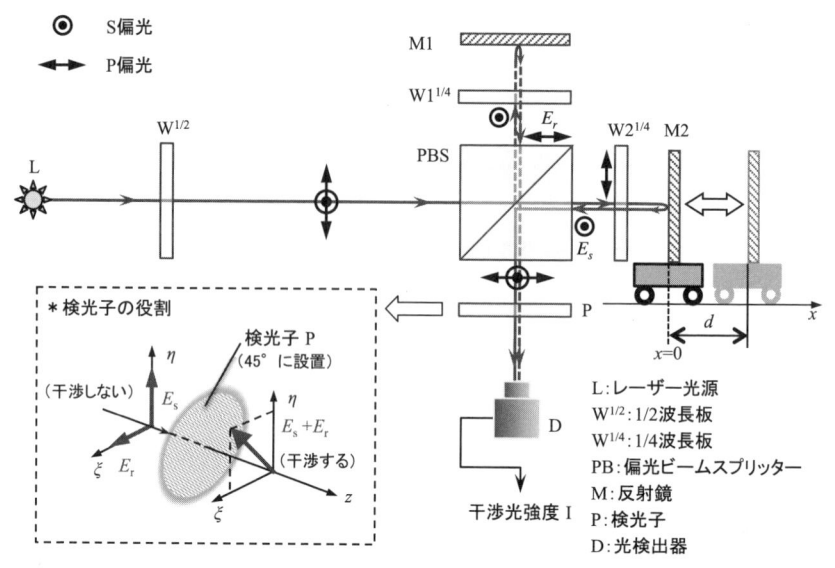

図 4.1.5 ホモダイン型レーザー干渉測長計（マイケルソン干渉計）の基本構成

$$E(z, t) = a \exp\left\{i\left[2\pi\nu t - \frac{2\pi}{\lambda}z + \phi\right]\right\} \quad (4.1.1)$$

と表す．ここで ϕ は $z=0$, $t=0$ における初期位相である．いま，振幅 a_r, a_s をもつ E_r と E_s の初期位相，および D までの光路長（optical path length）を，それぞれ ϕ_r, ϕ_s および L_r, L_s とすると，D における時刻 t での電場は，

$$E_r(z, t) = a_r \exp\left\{i\left[2\pi\nu t - \frac{2\pi}{\lambda}L_r + \phi_r\right]\right\} \quad (4.1.2)$$

$$E_s(z, t) = a_s \exp\left\{i\left[2\pi\nu t - \frac{2\pi}{\lambda}L_s + \phi_s\right]\right\} \quad (4.1.3)$$

と表される．したがって，D での干渉光強度は，

$$I(z, t) = |E_r(z, t) + E_s(z, t)|^2 \quad (4.1.4)$$

より，

$$I(z, t) = a_s^2 + a_r^2 + 2 a_s a_r \cos\{\delta\} \quad (4.1.5)$$

$$\delta = \frac{2\pi}{\lambda}[L_s - L_r] - [\phi_s - \phi_r] \quad (4.1.6)$$

と与えられる．ここで，レーザーのような高コヒーレンスな単色光源では $\phi_r = \phi_s$ であり，さらに $x=0$ のときの位相差 δ を 0 に調整しておくと，M2 が

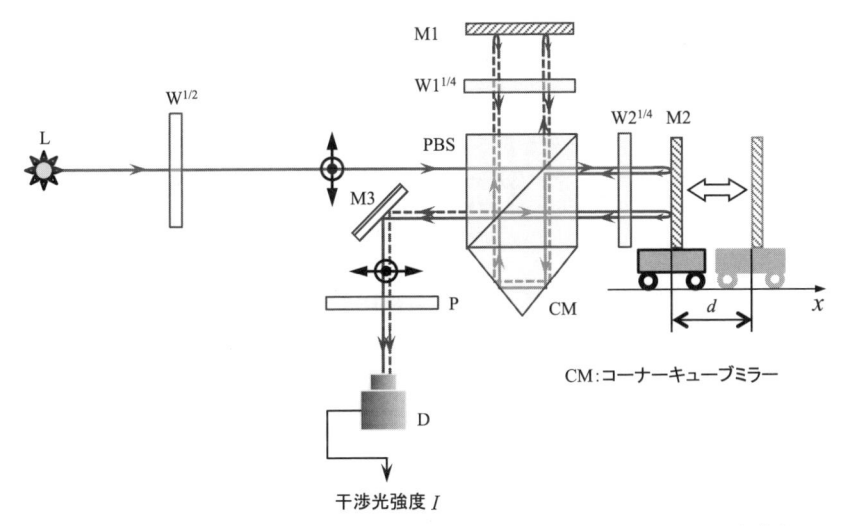

4.1 超精密な生産技術の基盤となる光計測　　155

図 4.1.6 ダブルパス光学系によるホモダイン型レーザー干渉測長計の高分解能化

距離 d 変位したときの干渉光強度は，

$$I(z,t) = a_s^2 + a_r^2 + 2a_s a_r \cos\left\{\frac{4\pi d}{\lambda}\right\} \qquad (4.1.7)$$

のように，$\lambda/2$ 周期の正弦波で変化することがわかる．したがって，光源の波長を特定標準器で校正しておけば，周期ごとの明暗を数えること（干渉縞計数法）により，波長標準を直接的な目盛とする変位計測が実現できる．

さて，ここまでは理論的な基本原理のおはなしであり，実際のレーザー干渉測長計によってナノメートルオーダーの精度を実現しようとすると，アッベ誤差，デッドパス誤差，光学系のアライメント誤差，光学素子の不完全性，光学系の温度変化による光路長変化，空気の屈折率変化など，さまざまな不確かさ要因に対する配慮や光学的工夫が必要となる．たとえば，図 4.1.5 において，機械的な運動誤差（ヨーイング，ピッチング，ローリング）によって M2 がわずかに傾いた場合，E_r と E_s が偏角をもって重なるため，検出器上での各点における干渉条件が異なり，理論通りの干渉光強度変化とはならない．そこで，そのような補正の困難なビーム平行度による不確かさの排除と，ダブルパス光学系による高分解能化の両方を達成できる，図 4.1.6 のような光学的工夫が導入される．本構成では，入射光を再帰反射して正確に入射方向に戻すコーナー

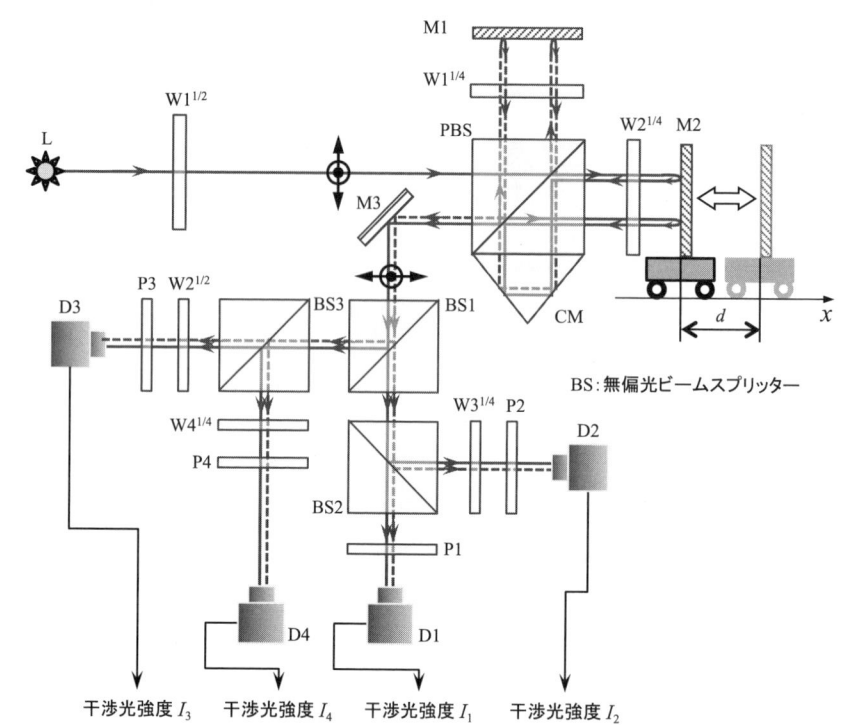

図 4.1.7 偏光位相シフト法によるホモダイン型レーザー干渉測長計の高速・高分解能

キューブミラー CM が使われており，E_r，E_s ともに同一の CM を通ることによって，M2 の傾きによる偏角を完全に 0 とすることができる．さらに，M2 の変位 d に対して光路差が $4d$ 変化するため，2 倍の分解能（$\lambda/4$ 周期）による変位計測が可能となる．

上記の干渉縞計数法では，$\lambda=633$ nm のレーザー光を用いたときの分解能は 158 nm であり，仮に $\lambda=316$ nm の短波長レーザーを用いたとしても 79 nm 程度が限界である．さらに短波長の紫外域のレーザー光を利用する方略も考えられるが，光学系を構成する光学素子が課題となる．そこで，干渉縞間隔をさらに細分割する方法の一例として，図 4.1.7 に示す偏光位相シフト法を紹介する．まず，互いに直交する偏光をもつ E_r と E_s を，無偏光ビームスプリッター BS1，BS2 および BS3 によって，D1，D2，D3 および D4 に導入する四つの光路に分割する．それぞれの光路に置かれた波長板により，W3$^{1/4}$ では

$-\pi/2$, W4$^{1/4}$ では $+\pi/2$ および W2$^{1/2}$ では $+\pi$ の位相差を E_r と E_s の間に与えると，式 (4.1.5) より次のような干渉光強度 I_1, I_2, I_3 および I_4 が得られる．

$$I_1(z, t) = a_s^2 + a_r^2 + 2a_s a_r \cos\{\delta\} \qquad (4.1.8)$$

$$I_2(z, t) = a_s^2 + a_r^2 + 2a_s a_r \cos\left\{\delta - \frac{\pi}{2}\right\} = a_s^2 + a_r^2 + 2a_s a_r \sin\{\delta\} \qquad (4.1.9)$$

$$I_3(z, t) = a_s^2 + a_r^2 + 2a_s a_r \cos\{\delta + \pi\} = a_s^2 + a_r^2 - 2a_s a_r \cos\{\delta\} \qquad (4.1.10)$$

$$I_4(z, t) = a_s^2 + a_r^2 + 2a_s a_r \cos\left\{\delta + \frac{\pi}{2}\right\} = a_s^2 + a_r^2 - 2a_s a_r \sin\{\delta\} \qquad (4.1.11)$$

これらの干渉光強度から，

$$\delta = \tan^{-1} \frac{I_2 - I_4}{I_1 - I_3} \qquad (4.1.12)$$

によって，直接的に電気信号に変換された位相変化が得られる．さらに，その電気信号は 1000〜2000 分割することができるため，分解能 0.1 nm 以上の変位計測が可能となる．

b．ヘテロダイン干渉

ホモダイン干渉において，式 (4.1.2)，式 (4.1.3) で表される E_r と E_s の周波数および波長が，それぞれ次式のように異なっているとき，

$$E_r(z, t) = a_r \exp\left\{i\left[2\pi\nu_r t - \frac{2\pi}{\lambda_r} L_r + \phi_r\right]\right\} \qquad (4.1.13)$$

$$E_s(z, t) = a_s \exp\left\{i\left[2\pi\nu_s t - \frac{2\pi}{\lambda_s} L_s + \phi_s\right]\right\} \qquad (4.1.14)$$

これら二つの光波による干渉をヘテロダイン干渉という．このとき，式 (4.1.5) における干渉光強度は，

$$I(z, t) = a_s^2 + a_r^2 + 2a_s a_r \cos\{2\pi\nu_b t + \delta_{\text{mens}}\} \qquad (4.1.15)$$

$$\delta_{\text{means}} = \frac{2\pi}{\lambda_{\text{means}}} [L_s - L_r] - [\phi_s - \phi_r], \quad \lambda_{\text{means}} = \frac{\lambda_s + \lambda_r}{2} \qquad (4.1.16)$$

で与えられる．ただし，$\nu_b = \nu_s - \nu_r$ はビート周波数を表す．図 4.1.8 (a) に示すように，式 (4.1.15) はビート周波数をキャリアとする「うなり」を表しており，周期 $T_b = 1/\nu_b$ で時間的に変化する強度であることがわかる．さらに図

158   4. 光で探る世界

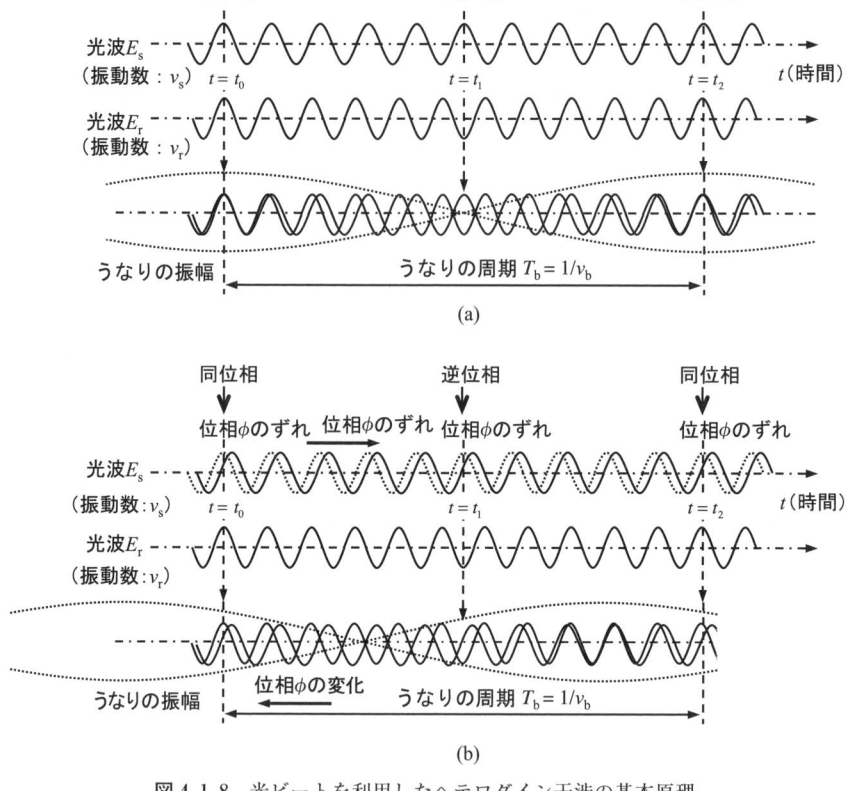

図中ラベル（a）:
- 同位相 / 逆位相 / 同位相
- 光波 E_s（振動数：ν_s） $t=t_0$, $t=t_1$, $t=t_2$, t（時間）
- 光波 E_r（振動数：ν_r）
- うなりの振幅　うなりの周期 $T_b=1/\nu_b$

図中ラベル（b）:
- 同位相 / 逆位相 / 同位相
- 位相 ϕ のずれ
- 光波 E_s（振動数：ν_s） $t=t_0$, $t=t_1$, $t=t_2$, t（時間）
- 光波 E_r（振動数：ν_r）
- うなりの振幅　位相 ϕ の変化　うなりの周期 $T_b=1/\nu_b$

図 4.1.8　光ビートを利用したヘテロダイン干渉の基本原理

4.1.8 (b) に示すように，E_r と E_s の位相差の変化 ϕ が「うなり」の位相変化 ϕ に反映される．

　ヘテロダイン干渉に必要な2周波レーザー光源には，物質の磁気モーメントと磁場の相互作用により，磁場中における原子発光スペクトルが分裂する現象である，ゼーマン効果を利用した He-Ne レーザーなどが用いられる．このゼーマンレーザーは，周波数が 1.8 MHz 異なる互いに逆回りの左右円偏光をもった二つの周波数からなるコヒーレント光を発生する．この場合の波長 λ_r, λ_s の差はわずか 2×10^{-6} nm 程度しかなく，式 (4.1.16) の λ_{means} は $\lambda_{means}=\lambda_s=\lambda_r$ と見なすことができる．2周波レーザー光源を用いたヘテロダイン型レーザー干渉測長計は，図 4.1.9 に示すような基本構成となる．位相項 δ_{means} を

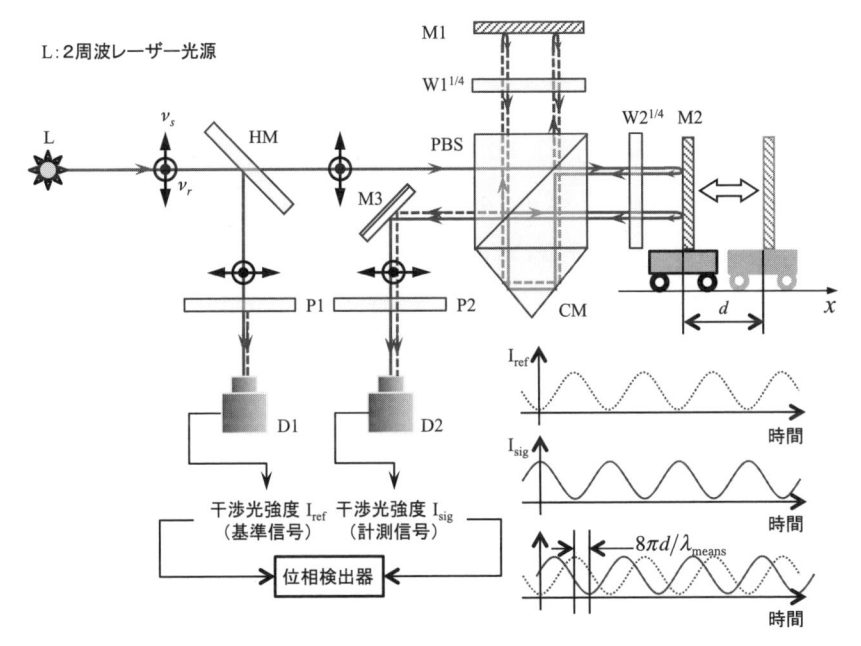

図4.1.9 ヘテロダイン型レーザー干渉測長計の基本構成

求めるため，ハーフミラー HM によって光の一部を分割し，検光子 P1 によって干渉させる．得られる干渉光強度は光路長が等しいので，E_r と E_s の光路差 $=0$ とすると，干渉光の位相差 δ_{ref} は初期位相の差 $\phi_s - \phi_r$ のみとなり，式（4.1.15）より干渉光強度 $I_{ref}(t)$（基準信号）は，

$$I_{ref}(t) = a_s^2 + a_r^2 + 2a_s a_r \cos\{2\pi\nu_b t + \delta_{ref}\} \tag{4.1.16}$$

となる．したがって，式（4.1.15）で表される干渉光強度 $I_{sig}(t)$（計測信号）との位相差は M2 の変位 d に対して，

$$\Delta\delta = \delta_{means} - \delta_{ref} = \frac{8\pi d}{\lambda_{means}} \tag{4.1.17}$$

と変化する．この位相差 $\Delta\delta$ は，図4.1.9 に示すように，$I_{ref}(t)$ と $I_{sig}(t)$ の時間信号から位相検出器によって $\pi/1000$ 以上の分解能で求めることができるため，0.03 nm を超える高分解能な変位計測が実現されている．また，ヘテロダイン型レーザー干渉測長計は，図4.1.7のホモダイン型と比較して構成がシンプルで，取り扱いも容易であるため，ゼーマン効果を利用した実用波長安定化

He-Ne レーザーを光源としたレーザー干渉測長計が，超精密変位計測や位置決め制御などに広く利用されている．

c．レーザーホロスケール

超精密な変位計測にはレーザーホロスケールも利用されている．レーザーホロスケールは，レーザー干渉によって低熱膨張ガラスなどに刻まれたピッチ 0.5 μm 程度のホログラム回折格子と，それを数百分割して読み出す光学式検出器から構成され，数百 mm/s に達する高速応答と 1 nm を超える高分解能の計測および制御を容易に実現する．その安定性の高さにより，測定機や加工機の精密な位置決めに用いられることが多い．

4.1.4 寸法，形状の計測

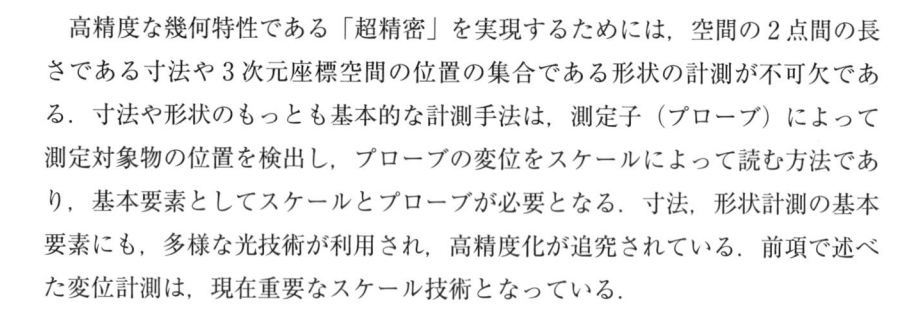

高精度な幾何特性である「超精密」を実現するためには，空間の 2 点間の長さである寸法や 3 次元座標空間の位置の集合である形状の計測が不可欠である．寸法や形状のもっとも基本的な計測手法は，測定子（プローブ）によって測定対象物の位置を検出し，プローブの変位をスケールによって読む方法であり，基本要素としてスケールとプローブが必要となる．寸法，形状計測の基本要素にも，多様な光技術が利用され，高精度化が追究されている．前項で述べた変位計測は，現在重要なスケール技術となっている．

a．三次元座標計測

寸法計測の基本的な手法は，測定対象物の位置を検出するプローブとスケールを用いて行われる．たとえば，図 4.1.10 (a) に示すようなプロービングによって測定対象物の寸法 D を求める．このような測定を高精度に行うためには，特定標準器によって校正された高分解能なスケール，プローブの高い位置検出感度，および高精度な運動制御が必要である．

上記のような手法を 3 次元座標空間に拡張し，形状計測に用いられている計測機が，図 4.1.10 (b) のような構造をもつ三次元座標測定機（Coordinate Measuring Machine, CMM）である．CMM による形状計測は，3 次元座標

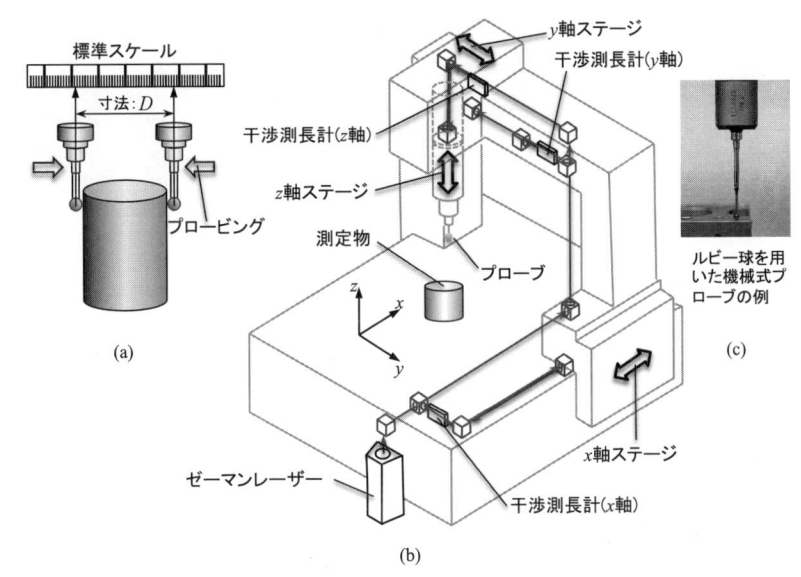

図 4.1.10　レーザー干渉測長計を用いた三次元座標測定機の構成

データから形体の4要素を測定評価することができる．高分解能な変位計測が可能なレーザー干渉測長計をスケールとしてもつ，x, y, z の3軸駆動ステージによってプローブを移動する．プローブが測定対象物の位置を高精度に検出し，そのときの座標をスケールから読み取ることによって3次元形状計測を行うしくみとなっている．一般的な CMM では，図 4.1.10 (c) のように，スタイラスによって保持されたルビー球などの真球度の高い直径 1 mm 前後のプローブ球が被測定物に接触した瞬間を高感度にセンシングし，位置検出トリガ信号を出力する．

レーザー干渉測長計は，波長標準をスケールとして直接用いる点で，CMM に用いられるスケールとして高い精度と信頼性を有しているが，最近は，安定性に優れ，取り扱いの容易なレーザーホロスケールが用いられるようになってきている．

b. 光放射圧制御マイクロプローブ

情報通信機器，光学機器，各種モバイル機器などの小型化・多機能化・高性

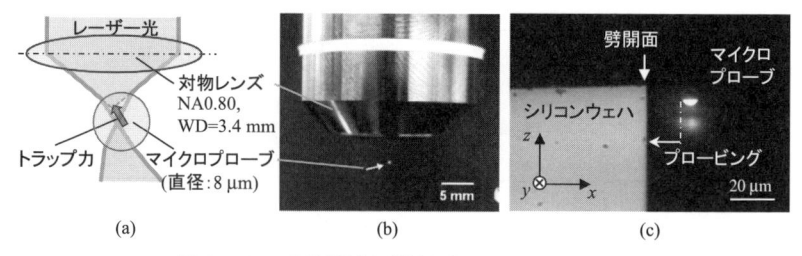

図 4.1.11　光放射圧を利用したマイクロプローブ

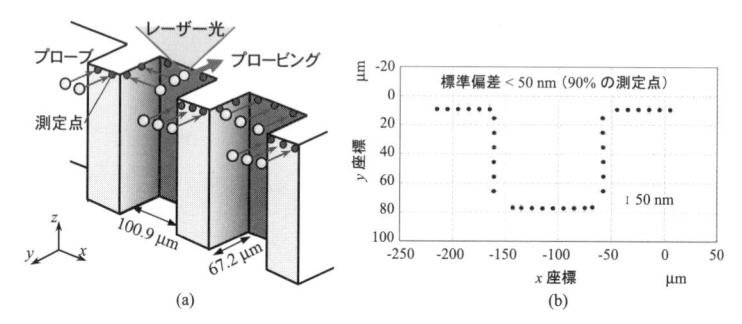

図 4.1.12　マイクロ形状の3次元座標計測

能化に伴い，それらに用いられる半導体部品，マイクロ光学素子，超精密微小機械部品など，複雑で多様なマイクロ3次元形状の幾何特性や幾何公差をナノメートルオーダーの精度で測定評価できる超高精度三次元座標計測が強く求められている．

大きさが数 mm〜数百 μm のマイクロ3次元形状を，CMM を用いて測定するためには，プローブ径 50 μm 以下，位置検出分解能 10 nm 以上および測定力 10^{-3} N 以下の仕様をもつ高度なマイクロプローブが求められる．しかし，そのようなマイクロプローブを，複雑な構造の機械式プローブによって実現することは非常に困難である．

そこで，図 4.1.11（a）に示すような，集束レーザーの光放射圧（radiation pressure）によって，大気中で3次元的に捕捉・運動制御されたマイクロ球をプローブとして用いる新たな光放射圧制御マイクロプローブが提案されている．図 4.1.11（b）は，NA 0.8，作動距離 3.4 mm の対物レンズを用いて直径 8 μm のマイクロ球を捕捉している様子を示しており，図 4.1.11（c）は，

実際に光放射圧プローブを3次元的に位置決め操作し,被測定物のプロービングを行っている顕微鏡写真を示している.光放射圧制御マイクロプローブは,プローブ球に強制振動[5]を与え,振動状態のコントロールによってプローブの特性を任意に変えることが可能である.互いに直交する方向に90°の位相差で2次元励振振動を与えるとプローブ球は円運動を行う.この円運動型マイクロプローブ[6]は,プローブ球の運動軌道の変化を利用することによって位置と法線の同時検出を行うことができる.また,周波数領域における振動状態の変化を検出することにより,信号とノイズの分離を図り,高精度な位置検出を可能としている.図4.1.12に,円運動型マイクロプローブによってマイクロトレンチ構造の形状計測を行った結果の一例を紹介する.図4.1.12(a)の模式図に,マイクロトレンチ断面のFE-SEM像から求めた寸法(幅100.9μm,深さ67.2μm)と,プロービング手法を示す.図4.1.12(b)の座標計測データから,測定点の90%以上はばらつき50nm以下の高精度な結果が得られていることがわかる.

4.1.5　さらなる超精密への挑戦

　超精密な光計測は,ナノスケールの生産技術基盤として,さらなる発展が求められており,光学的な基本原理の追究だけでなく,高速化,高精度化,環境適応性,測定レンジ拡大など,実用化に対する期待も大きい.さらに,近接場やプラズモンなどの局在光を利用したナノ微細表面構造の計測,光周波数コムを利用した超精密大型構造物の計測など,その適用分野も拡大しており,機械や電気・電子・情報技術との融合や,新たな光学デバイスの活用から計測原理の再構築および基礎現象解析に至る,幅広いスペクトルをもつ魅力的な分野である.

[高谷裕浩]

参考文献
1) N. Taniguchi, On the Basic Concept of 'Nano-Technology', Proc. of the International Conference on Production Engineering in Tokyo (1974).

2) N. Taniguchi, Current Status in and Future Trends of Ultraprecision Machining and Ultrafine Materials Processing, Annals of CIRP, Vol. 32/2, 573 (1983).
3) 谷口紀夫, ナノテクノロジの基礎と応用―超精密・超微細加工とエネルギビーム加工, 工業調査会 (1988).
4) 国際度量衡局 (BIPM) ホームページ; http://www.bipm.org/en/si/si_brochure/appendix2/mep.html (2012年9月現在)
5) Y. Takaya, K. Imai, S. Dejima and T. Miyoshi, Nano-Position Sensing Using Optically Motion-controlled Microprobe with PSD Based on Laser Trapping Technique, Annals of the CIRP, Vol. 54/1, 467 (2005).
6) M. Michihata, Y. Nagasaka, T. Hayashi and Y. Takaya, A Novel Probing Technique Using Circular Motion of a Microsphere Controlled by Optical Pressure for a Nano-Coordinate Measuring Machine, *Applied Optics*, 48 (2), 198 (2009).

4.2 ミクロの世界を探索する──ミクロ分子分光

4.2.1 単一分子分光の黎明

1980年代後半,モエルナー(W. E. Moerner)とカドール(L. Kador)は極低温における単一芳香族分子の吸収強度の変化を特殊な周波数変調検出法を用いて検出することにより,はじめて光学的な単一分子計測に成功した[1].この光学的単一分子検出に関する画期的な研究成果は,後の単一分子分光(single molecule spectroscopy)の礎となるものではあったが,計測手法が非常に複雑で広く利用されるには至らなかった.その翌年(1990年),オリット(M. Orrit)とベルナール(J. Bernard)は蛍光測定を利用した単一分子検出法を報告した[2].蛍光測定は背景雑音の存在しない検出系が比較的簡単に実現できる手法である.また光電子増倍管などの高感度単一光子検出機器も当時すでに広く利用されており,汎用の検出系が利用可能であった.そのため,蛍光検出はその後の光学的単一分子計測の主たる手法として広く用いられることとなった.

その後1990年代から2000年代にかけて,単一光子検出器と周辺エレクトロニクスの進歩により,分子分光の一つの究極であると考えられていた単一分子計測も比較的一般的な計測手法となり,多くの研究成果が報告されるようになった.とくに2000年以降では出版される論文数が飛躍的に増加しており[3],単一分子計測は個々の分子や生物系試料,ナノメートルレベルの分子集合体などミクロ領域の分子系の挙動を観測するための必要不可欠な技術となっている.

4.2.2 単一分子計測から得られる情報

a. 単一分子計測とアンサンブル計測

　水のような液体やペットボトルなどの固体高分子は，巨視的には均一に見える．しかしこれら凝縮系物質の内部を分子のレベルで微視的に見れば，分子の密度や配向などは場所により異なり，また同じ位置でも時間とともにこれらの値は変化する．すなわち一般には，液体や非晶質固体の微小領域には不均一性が存在する．このようなミクロ不均一性が存在する場において，多数のゲスト分子（一般には溶質）を同時に計測するとその値は分布の影響によって不均一広がりを示す．一般に行われている計測では，非常に多数の分子を対象としており，これらの不均一広がりに関する分布や平均値について再現性の高い情報を得ることができる．このような計測を，単一分子計測と比較する場合，アンサンブル計測と呼ぶ．一方，単一分子計測では個々の分子のスペクトルや物性値を検出可能であるので，アンサンブル計測では平均化されていた個々の分子に関する情報や不均一広がりを構成する各分子の環境の違いを検出することができる．また，分子系に A⇌B のような平衡が存在する場合，アンサンブル計測では A と B の相対量は時間に依存せず一定の値を示すため，その時間変化を検出することはできない．しかし，単一分子計測では，ある特定の分子が A もしくは B の状態に存在することを区別して検出できるので，熱平衡下における A→B, B→A の速度に関する情報を得ることも可能となる．このように，単一分子計測ではアンサンブル計測では検出が困難な不均一性や平衡点近傍のダイナミクスに関する情報を取得することが可能となる．

b. 凝縮固相物質中の単一分子計測から得られる情報

　高分子固体などのホスト物質の不均一なミクロ環境がゲスト蛍光分子の蛍光寿命に比べて十分長い時間保持される場合には，ゲスト分子の発光挙動（発光スペクトル，発光寿命など）はそれぞれの置かれた環境を反映したものとなる．一般に，室温程度の非晶質固相系ではこの条件が満たされる場合が多い．すなわち，原理的には，このような固相系では，ゲスト分子を1個ずつ詳細に

測定することにより物質内部のミクロな物性に関する情報が取得可能であることを意味する．また，ホスト物質中でゲスト分子が拡散できる場合，それぞれのゲスト分子の拡散挙動は周囲のホスト分子の性質を反映したものとなる．したがって，単一分子計測によりゲスト分子の運動を追跡し詳細に解析することによって，ホスト分子の局所的な粘性係数などの情報を取得することも可能となる．

4.2.3 光学的単一分子計測装置

a．共焦点レーザー顕微鏡

単一分子の蛍光検出に一般的に用いられる共焦点レーザー顕微鏡（confocal laser microscope）システムの一例を，図4.2.1に示す．ゲスト分子の励起のためには，連続発振（Continuous Wave, CW）レーザーあるいはパルスレーザーを使用する．蛍光強度の時間変化，光子相関の計測にはCW・パルスいずれのレーザーでもほぼ等価な情報を取得可能であるが，蛍光寿命の測定には，フェムト秒からピコ秒のパルス時間幅をもつ高繰り返し（数MHz程度の周波数）パルスレーザーが必要である．

励起用レーザー光は開口数（Numerical Aperture, NA）の高い顕微鏡対物レンズで回折限界程度に集光され，試料に照射される．この回折限界の大きさはせいぜい波長の半分（200〜300 nm）程度であり，蛍光分子の大きさ（数nm）と比べると2桁程度大きい．ゲスト分子からの蛍光は同じ対物レンズで集められ，結像レンズで1次像面に結像される．その結像位置に設置されたピンホールは，励起用レーザー光の集光領域（以下，共焦点体積）からの蛍光のみを透過させるので，3次元的な空間分解能が得られる．ゲスト分子のサイズは光学顕微鏡の分解能に比べ十分小さいため，その蛍光像は対物レンズのNA，光学系の倍率で決まる回折限界スポットとなる．実際の光学系ではピンホールサイズは1次像面に結像される回折限界スポットよりわずかに大きく設定することで，効率よく蛍光光子を検出することができる．

ピンホールを通過した蛍光はハーフビームスプリッターで強度比1：1に分割され，2台のアバランシェフォトダイオード（Avalanche PhotoDiode,

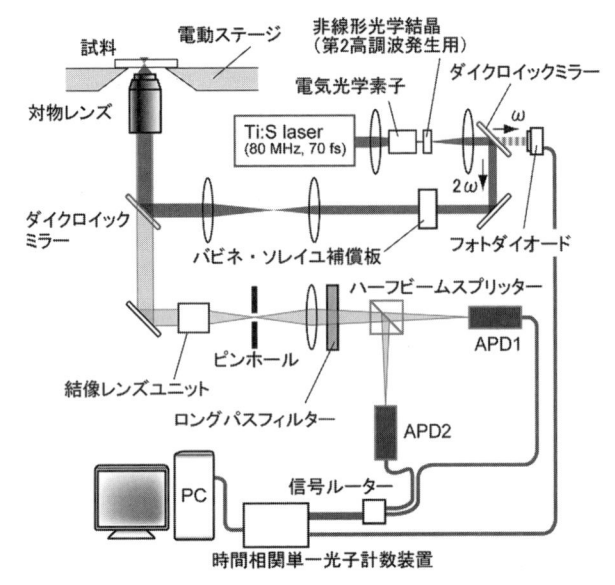

図 4.2.1 フェムト秒パルスレーザーを光源とした共焦点レーザー顕微鏡の装置例

APD)で検出される．2台の光子検出器を用いることにより，光子間の相関を計測することが可能となり，その時間相関の解析から光子が単一光子源から発せられているか否かを確認することができる．

b. 広視野顕微鏡

広視野（ワイドフィールド）顕微鏡（wide-field microscope）システム（図4.2.2 (a)）は，蛍光励起用のCWレーザー光源と，光学顕微鏡，画像検出用の高感度CCDから構成され，共焦点顕微鏡に比べて簡素なシステムとなっている．従来の蛍光顕微鏡と比較すると，レーザーを励起光源とすること，また単一分子レベルの蛍光が検出可能な超高感度CCDを用いることが特徴である．物体面での励起レーザー光の照射スポットサイズは，観察領域全体を均一に励起できるように調整される．また焦平面上におけるゲスト分子の配向に蛍光強度が依存しないように，試料上での励起レーザー光の偏光は円偏光となるように波長板などを用いて調整される．検出側の光路には励起レーザー光をブロックするため高性能なノッチフィルターやロングパスフィルターが挿入さ

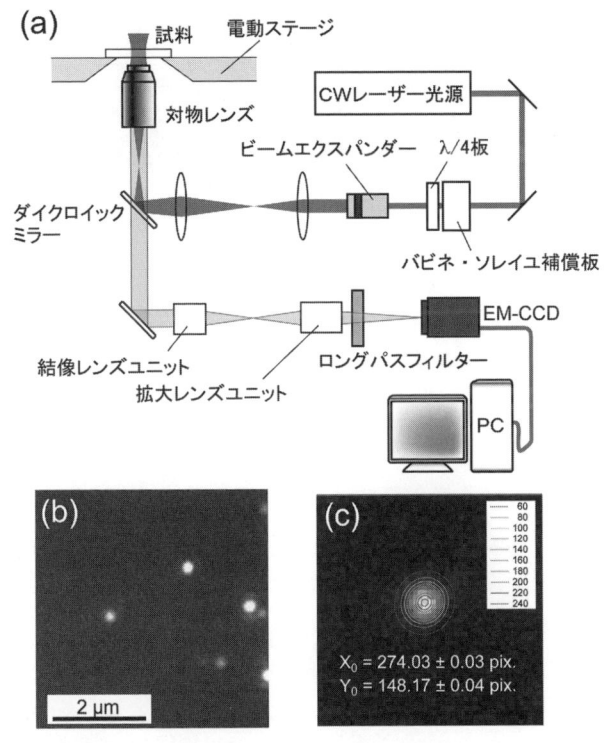

4.2 ミクロの世界を探索する——ミクロ分子分光　　　169

図4.2.2 (a) 広視野顕微鏡の装置構成例，(b) 単一蛍光分子のイメージング結果の例，(c) 2次元ガウス関数を用いた分子の位置推定の例

れ，試料の蛍光のみが検出器に導かれる．

　広視野顕微鏡で得られる単一分子からの蛍光像も，図4.2.2 (b) に示すように光の回折限界程度 (200〜300 nm) に広がっている．この発光スポットの光強度空間分布は近似的に2次元のガウス関数でよく再現できることが知られており，画像解析（フィッティング）の結果求まるガウス関数の重心は分子の位置に対応する（図4.2.2 (c)）．この位置の決定精度は蛍光像のS/N比にも依存するが，光学顕微鏡の分解能をはるかに超え，理論的には数 nm 以下となる．すなわち蛍光像からでも，数 nm 以下の空間分解能でゲスト蛍光分子の位置を決定できる．この方法を利用し，ゲスト分子の蛍光像の時間変化から各重心の位置を逐次決定し，ゲスト分子の並進拡散過程を高い空間分解能で計測す

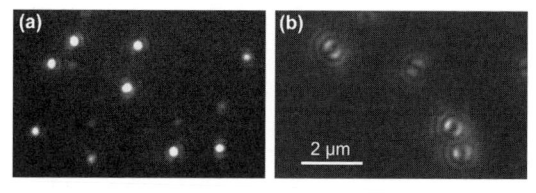

図 4.2.3 (a) 単一蛍光分子のフォーカスイメージと (b) デフォーカスイメージ

る手法は，単一分子追跡（Single Molecule Tracking, SMT）と呼ばれている．実際の測定では，顕微鏡システムの機械振動や蛍光強度の揺らぎなどの影響もあり，単分子追跡の位置精度は 10〜30 nm 程度の値となる場合が一般的である．

並進拡散のみならず回転拡散運動を追跡する簡便な方法も存在する．対物レンズの焦点が合っている場合には単一分子の蛍光像は図 4.2.3 (a) のようなスポット状の画像となるが，対物レンズを光軸方向にわずかにずらし少しピントのはずれた状態で撮像すると，図 4.2.3 (b) のような非等方的なパターン（デフォーカス像）が得られる．単一分子からの蛍光発光は単一双極子からの放射と見なすことができ，この非等方的な発光イメージは双極子放射の非等方性を反映している[4]．蛍光の遷移双極子モーメントは蛍光分子の構造に対して一意的に決定できるので，この非等方的な発光イメージの時間変化を測定することによって，ゲスト蛍光分子の回転運動を追跡することができる．

4.2.4 単一分子検出の材料科学への応用例

a. 高分子材料の評価（1）：熱硬化性高分子材料[5]-[7]

Poly(2-hydroxyethyl acrylate)（以下，polyHEA）はアクリル系高分子であり，分子量が 1 万程度の polyHEA のガラス転移温度は約 17°C であるので，この高分子材料にゲスト分子を添加した場合，室温においてその並進・回転運動を観測することができる．この高分子に架橋剤 tetramethoxymethyl glycoluril（TMMGU）および微量の酸触媒を混合した材料を 200°C で加熱すると，図 4.2.4 (a) に示す架橋反応が進行し溶媒に不溶となるとともに，内部のゲスト分子の拡散運動が抑制される．類似の高分子材料は実際のフォトリ

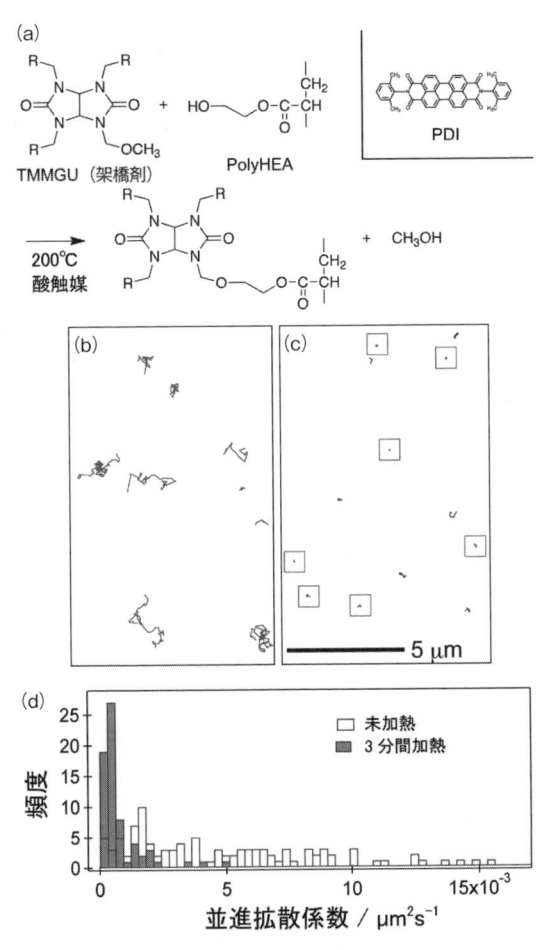

図 4.2.4 （a）PolyHEA と TMMGU 混合材料で起こる架橋反応のスキームとゲスト分子 PDI の構造，（b）熱架橋誘起前の試料における PDI の並進拡散の軌跡の例，（c）3 分間 200℃ で加熱処理した後のゲスト分子の並進拡散の軌跡の例，（d）加熱前の試料および 200℃ で 3 分間加熱後の試料中ゲスト分子の並進拡散係数のヒストグラム

ソグラフィーのプロセスにも利用されている[8]．この熱架橋過程のダイナミクスを測定するために，低分子量のペリレンジイミド誘導体（PDI）をゲスト分子として微量添加した薄膜を作製し，架橋の進行とゲスト分子の運動性の変化との相関を追跡した．

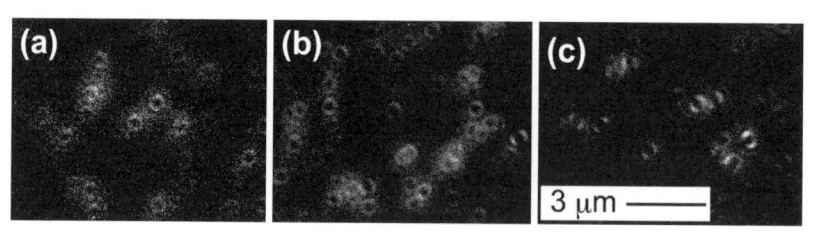

図 4.2.5 polyHEA/TMMGU 混合薄膜に添加し PDI 分子のデフォーカスイメージ
(a) 加熱処理前, (b) 200°C で 3 分間加熱後, (c) 200°C で 5 分間加熱後

加熱前の薄膜中における 535 ms ごとの各 PDI 分子の位置を SMT 法により追跡して得られた軌跡（図 4.2.4 (b)）からは，PDI が比較的速い 2 次元的な並進拡散を示すことがわかる．この薄膜を 200°C で 3 分間熱処理すると，図 4.2.4 (c) に四角で示すように 40% 程度のゲスト分子の並進拡散がほぼ停止し，残りの 60% の拡散係数も低下した．ほぼ均一に加熱した試料においても，ミクロに見れば反応（架橋）の進行度合いが場所ごとに異なることがこれらの結果からわかる．図 4.2.4 (d) に示す 3 分間の加熱前後のゲスト分子の並進拡散係数のヒストグラムは，上記の結果を定量的に表している．200°C で 5 分間加熱した場合には，すべての PDI の並進拡散運動が停止した．

一方，デフォーカスイメージング法で回転拡散過程を観察したところ，架橋前はすべてのゲスト分子が，図 4.2.5 (a) のようなドーナツ状のデフォーカス像を示した．これは，PDI 分子の回転運動の時間スケールが CCD カメラの露光時間（約 500 ms）に比べはるかに速いため，図 4.2.3 (b) のパターンをすべての立体角成分で平均化した像が得られたためである．200°C で 3 分間加熱した薄膜においても，図 4.2.5 (b) に示すようにほとんどすべての PDI 分子が架橋前の試料中と同様のドーナツ状の発光パターンを示した．一方，200°C で 5 分間加熱した場合には，すべての PDI 分子が非等方的な発光パターンを示した（図 4.2.5 (c)）．すなわち，200°C で 5 分間加熱すると回転拡散も完全に抑制されていることを示す．これらの結果から，この試料の熱架橋プロセスでは PDI 分子の並進拡散がまず停止し，次に回転拡散が段階的に停止することが明らかとなった．

上述の単一分子イメージングの測定結果とアンサンブル計測の結果を併せて考察することで，架橋ダイナミクスとゲスト分子の動きの相関に関してより詳

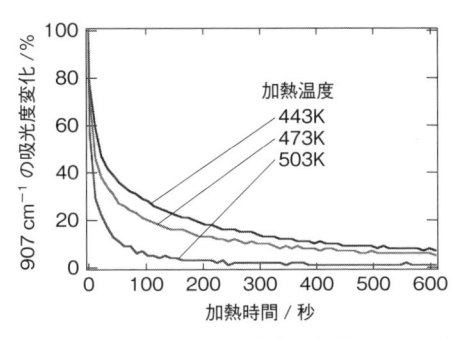

4.2 ミクロの世界を探索する——ミクロ分子分光

図 4.2.6 加熱に伴う polyHEA/TMMGU 混合薄膜の赤外（907 cm^{-1}）吸光度の時間変化

細な議論が可能になる．架橋の平均的な進行具合は，試料高分子薄膜の IR スペクトルに現れる TMMGU のメトキシ基由来の 907 cm^{-1} の吸光度の時間変化から知ることができ，図 4.2.6 に示すように 200℃，3 分間加熱で 86%，5 分間加熱で 91% のメトキシ基が反応していることがわかる．単一分子イメージングの結果と併せて考えると，架橋が 85% 程度進行すると PDI 分子の並進拡散がまず停止し，91% 以上架橋が進行すると並進，回転拡散の両方が停止する．すなわちゲスト分子の拡散挙動はホスト高分子系の変化に伴い階層的に変化することが明らかになった．

b. 高分子材料の評価（2）：光硬化性高分子材料[6),7),9),10)]

光ラジカル発生剤を微量添加したデキストリンベースのオリゴマー PA08（日産化学工業，図 4.2.7（a））[11)] に紫外線照射を行うと，反応部位 R 間で架橋反応が起こり 3 次元ネットワークが形成される．この架橋過程のダイナミクスをゲスト分子である PDI の拡散挙動から評価するために，PDI を微量含む PA08 の薄膜に UV レーザー光（波長 325 nm，強度 2.6 W/cm^2）を照射し，ゲスト分子である PDI の並進拡散係数に対する UV 光照射時間依存性を測定した．

SMT により求めた各 UV 光照射時間における PDI 分子の並進拡散係数のヒストグラムを図 4.2.7（b）～（h）に，それらの平均値と相対標準偏差を表 4.2.1 に示す．UV レーザー光を 1 秒間照射した場合，約 30% の PDI 分子は未反応の試料中と同程度の並進拡散速度を示したが，約 70% の PDI 分子の拡

表 4.2.1　PA08 中 PDI の平均並進拡散係数と相対標準偏差

UV 照射時間 [sec]	解析分子数	平均拡散係数 [$\mu m^2 s^{-1}$]	相対標準偏差
0	96	48×10^{-3}	1.79
1.0	117	13×10^{-3}	2.15
2.0	124	2.3×10^{-3}	5.22
4.0	127	1.0×10^{-3}	3.80
8.0	104	0.52×10^{-3}	1.04
16	104	0.50×10^{-3}	1.03
32	103	0.42×10^{-3}	0.88

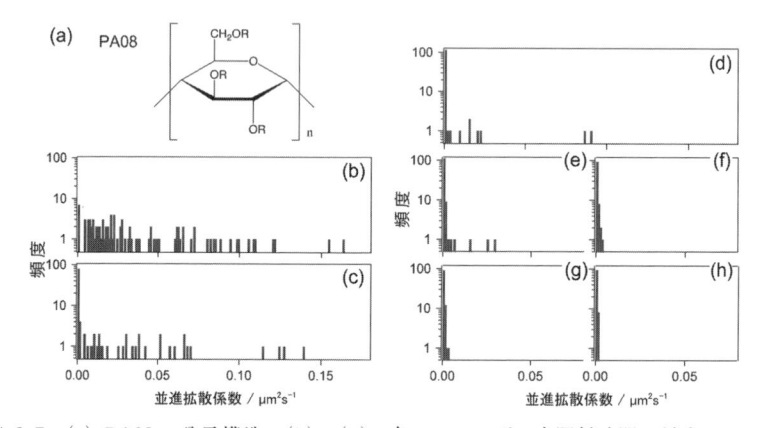

図 4.2.7　(a) PA08 の分子構造，(b)〜(h)：各 UV レーザー光照射時間に対するゲスト分子の並進拡散係数のヒストグラム
照射時間は b：0（未照射），c：1.0, d：2.0, e：4.0, f：8.0, g：16, h：32 秒

散は極端に遅くなった（図 4.2.7 (b), (c)）．この結果は，反応初期段階においては，架橋反応の進行速度に空間的な不均一性があることを示している．照射時間が 2 秒，4 秒と長くなるとともに，未反応試料中と同程度の拡散係数を示すゲスト分子の割合は減少した（図 4.2.7 (c)〜(e)．UV レーザー光の照射時間が 8 秒より長くなると，すべての領域で拡散速度がほぼ一定となった（図 4.2.7 (f)〜(h)）．

拡散係数の相対標準偏差をみると，反応初期段階（照射時間 1〜4 秒）では相対標準偏差値が一度上昇した後，下降に転じている．ゲスト分子の拡散挙動からは，反応の初期段階では試料の均一性が低下し（不均一性が増し），その後反応の進行とともに均一性が上昇していき，反応が十分に進行した試料で

は，未反応の試料に比べてさらに均一性が向上することを示している．

4.2.5 単一分子イメージング法のさらなる進歩：3次元分解能の実現

単一ゲスト分子の拡散挙動を詳細に追跡することにより，材料のミクロ物性変化を測定できることを示した．この方法は高い空間分解能をもつ有効な手法ではあるが，広視野顕微鏡を用いた単一分子イメージングで観測できるゲスト分子の拡散挙動は2次元の焦平面に限定される．近年この制限を克服し，広視野顕微鏡による単一分子イメージングに3次元的な分解能を与える研究が報告されだしている．

広視野顕微鏡を用いて光軸方向の分解能を得るためには，単一蛍光分子の光軸（以下Z軸）方向の変位に対応した蛍光イメージの変化が必要である．このために，結像系にシリンドリカルレンズを挿入し非点収差を導入する手法が考案された[12]．この場合，CCDカメラに結像される各蛍光分子の像は楕円状となり（図4.2.8），そのアスペクト比は試料中における分子の光軸方向の位置に依存して変化する．分子の光軸方向の変位に対するアスペクト比の変化の大きさは，用いるシリンドリカルレンズの焦点距離や検出光学系の倍率に依存するため，観測領域となるZ軸の大きさに応じて最適なレンズを選択する．

流動性のないPMMA薄膜中に固定した単一ゲスト分子（PDI誘導体）の蛍光像を非点収差導入広視野顕微鏡で観察した例を図4.2.8に示す．ピエゾステージにより試料を光軸方向に移動させると，蛍光像は横長の楕円形から縦長に変化する．このとき，得られた楕円状蛍光スポットの強度分布を2次元のガウ

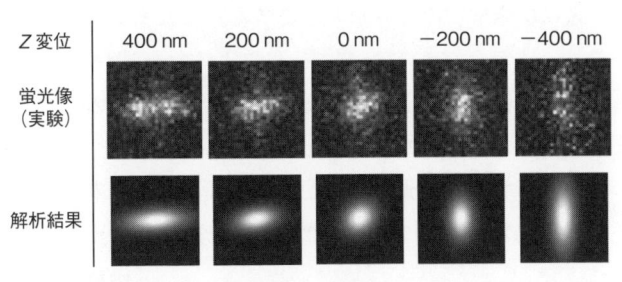

Z変位	400 nm	200 nm	0 nm	−200 nm	−400 nm
蛍光像（実験）					
解析結果					

図4.2.8 非点収差を導入した広視野顕微鏡で観察したPMMA中のゲスト分子の蛍光像
Z変位に依存したスポット形状変化が確認できる

ス関数で解析しアスペクト比を求める．楕円のアスペクト比はZ方向の変位に対応して変化するため，あらかじめZ変位と楕円のアスペクト比との関係を測定しておくことでゲスト分子の光軸方向の変位も追跡することができる．また顕微鏡焦平面上のゲスト分子の2次元的な動きは，先述の単一分子追跡と同様，2次元ガウス関数の重心から求めることができる．したがって，この手法によりゲスト分子の3次元的な位置の変位を追跡することが可能となる．

4.2.6　おわりに

　本節では，まず単一分子分光，単一分子検出に関して，その歴史と意義，アンサンブル計測との相違点を概説し，現在広く使用されている代表的な測定装置である共焦点顕微鏡と広視野顕微鏡に関して解説した．次に，広視野顕微鏡を用いた単一分子イメージングの応用例として，高分子材料のネットワーク形成ダイナミクス計測に関する最近の研究成果を紹介した．そのなかで，単一分子イメージングにより，従来のアンサンブル計測では得られなかった高分子系材料のミクロ物性変化に関する興味深い情報が得られることを示した．しかし，単一分子検出は一つ一つの分子の挙動を詳細に追跡できる反面，分子の平均的な情報を取得するには不向きである．したがって従来のアンサンブル計測法と相補的に用いることが不可欠であり，その結果として固体内部で進行する反応ダイナミクスの理解に資する重要な情報が取得できることを強調しておきたい．

　本節冒頭でも述べたが，ミクロ不均一性を有する凝縮相において進行する反応ダイナミクスには未解明の部分が非常に多く，これまで系統的な知見が得られていないため，トライアルアンドエラーによる材料開発が主流となってきた．しかし本節でも紹介したように，凝縮相における分子の振る舞いをナノスケールでリアルタイムに観察できる測定法が種々提案されつつある．今後このようなアプローチがさらに発展することにより，これまで未解明であった複雑系の分子ダイナミクスが詳細に解明されることを期待する．

〔伊都将司・宮坂　博〕

参考文献

1) W. E. Moerner and L. Kador, *Phys. Rev. Lett.*, **62**, 2535 (1989).
2) M. Orrit and J. Bernard, *Phys. Rev. Lett.*, **65**, 2716 (1990).
3) W. E. Moerner, *Proc. Natl. Acad. Sci. USA*, **104**, 12596 (2007).
4) M. Böhmer and J. Enderlein, *J. Opt. Soc. Am. B*, **20**, 554 (2003).
5) S. Ito, T. Kusumi, S. Takei and H. Miyasaka, *Chem. Comm.*, 6165 (2009).
6) 伊都将司, 分光研究, **58**, 259 (2009).
7) 伊都将司, 宮坂 博, 高分子, **60**, 54 (2011).
8) たとえば, 特願 2005-502787 (P2005-502787), PCT/JP2004/001981.
9) S. Ito, K. Itoh, S. Pramanik, S. Takei and H. Miyasaka, *Appl. Phys. Express*, **2**, 075004 (2009).
10) 伊都将司, 宮坂 博, 化学, **65**, 38 (2010).
11) S. Takei, T. Shinjo and Y. Sakaida, *Jpn. J. Appl. Phys.*, **46**, 7279 (2007).
12) B. Huang, W. Wang, M. Bates and X. Zhuang, *Science*, **319**, 810 (2008).

4.3 エレクトロニクスとフォトニクスをつなぐテラヘルツテクノロジー

4.3.1 はじめに

光と電波の中間領域はテラヘルツ帯と呼ばれている．この名称は，その電磁波帯の周波数が 10^{12} ヘルツ（Hz），すなわちテラヘルツ（THz）領域にあることに由来し，具体的には 0.1 THz から 10 THz 程度を指すことが多い．図 4.3.1 にその様子を示す．法律によれば電波は 3 THz までと規定されていて，サブミリ波より高周波側から遠赤外域，すなわち光の領域が始まることになる．テラヘルツ帯の電磁波はテラヘルツ波，それに関わる新規技術はテラヘルツテクノロジーと呼ばれ，電波による通信やコンピュータなどを支えるエレクトロニクスと光通信や太陽光発電など発展が目覚ましいフォトニクスの境界に位置している．通常のエレクトロニクスが扱える周波数を上回っており，フォトニクスとしては波長が長すぎ，あるいはエネルギーが低すぎてやはり扱いが困難であるため，基礎科学における利用がほとんどで，応用は立ち後れていた．しかしながら近年，エレクトロニクス，フォトニクスともに目覚ましい発展があり，両者の融合領域であるテラヘルツテクノロジーは非常に活発に研究

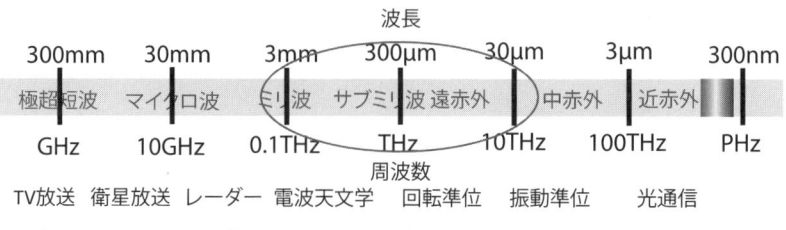

図 4.3.1 テラヘルツ帯を中心にみた電磁波の名称と各々に関連する現象・応用

されている.本節では,テラヘルツ帯のパルス電場を使う時間領域分光法を中心に据えながら,この分野を紹介する.

まずは電磁波の利用としてもっともよく知られている通信技術における位置づけであるが,THz という周波数は次世代超高速フォトニクスのターゲットになっており,(図 4.3.1 の近赤外域に位置する) 1.5 μm 周辺の光通信波長帯において光ファイバーを使う技術は,1 秒間に 1P (ペタは 10^{15}) すなわち 1000 Tbit (2 時間のハイビジョン映画 5000 本を 1 秒間で伝送可能な速度) に至るデータ転送を可能にしている[1].一方,THz 帯の電磁波を直接通信に使う場合は,(水分子の回転準位による) 水蒸気の吸収が非常に大きいため,近距離用超高速通信への応用が検討されている.周波数が高いので,現在利用されている無線 LAN の数 GHz 帯に比べて圧倒的に大容量のデータ転送が可能である.その規格は IEEE 802.15 WPAN という名称であり,現在の無線 LAN の IEEE 802.11 と同様に The Institute of Electrical and Electronics Engineers (IEEE),すなわち米国電気電子学会で策定作業が続けられている[2].

電波が通信に大きな役割を果たす理由の一つは,金属を除いてさまざまな物質を通り抜けることにある.テラヘルツ波もこの特性を受け継いでおり,可視光は通さない多くの物質,プラスチック,紙,セラミック,脂肪,半導体などを透過する.さらに,可視・近赤外光よりも散乱の影響を受けにくいため,粉

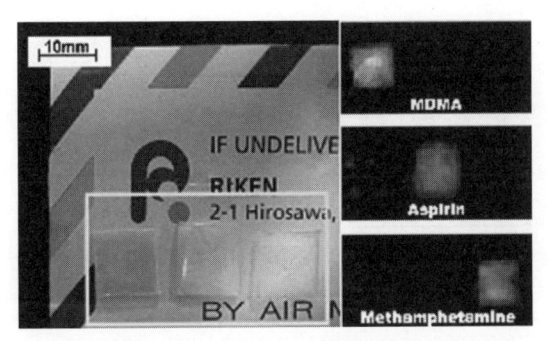

図 4.3.2 封筒の写真 (左) と内部の薬品の同定状況 (右)
風邪薬 (Aspirin),麻薬 (MDMA),覚醒剤 (Methamphetamine) を確認 (理研,科警研)
[提供:川瀬晃道教授]

体，たとえば，砂や小麦粉などを透過する．こうした特徴から，安心・安全を指向する現代社会において，セキュリティチェックなどへの応用が始まっている．同様の用途に使われてきたX線に比べてエネルギーが数桁低く，人体への安全性が格段に高いことも関心を集める一因である．また，X線カメラでは透視はできても，中に入っているものが何かはわからない．しかし，後述するようにテラヘルツ領域で分光測定を行えば，中に入っているものが何かわかる．とくに，薬品の同定が可能であることから，封筒に入れられたものが風邪薬か麻薬か爆発物か，その区別までできるのである．図4.3.2にその一例を示す[3]．こうした応用を見据えてテラヘルツカメラも市販されるに至っている[4]．

最後に，絵画研究への応用についても触れる[5]．可視域では区別のつかない材料も，テラヘルツ帯では応答が異なることがある．このため，特定の物質がどこにあるかを可視化することが可能である．絵の具の材料は比較的純粋な物質を使っているため，こうした分析が容易であったとされている．図4.3.3(a)に示す通り，テラヘルツ波が可視域で不透明なものを透過する特徴を用いて，世界ではじめて非破壊，非接触で絵画の下地構造の観察に成功している．深さ方向の観察から，どのように絵画が作られていったか推定することができる．また，図4.3.3(b)のような顔料の同定にも有用で，テラヘルツ波で全体の分布を把握した後，より詳細な（時間を要する）分析を進めることが可能となる．こういった手法は，地震などで損傷を受けた建物内部の様子を調べるのにも有効である．

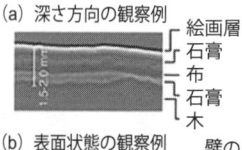

図4.3.3 絵画の可視画像とTHz画像の比較と後者による内部構造の観察
イタリアのフィレンツェにあるウフィッツィ美術館の協力による［提供：情報通信研究機構（NICT）］

4.3 エレクトロニクスとフォトニクスをつなぐテラヘルツテクノロジー   *181*

4.3.2 テラヘルツ分光で何がわかるか

　物質が電磁波に対して示す吸収や散乱などの応答を電磁波の周波数，言い換えればエネルギーを変化させて調べる（スペクトルを測定する）実験方法を分光法と呼ぶ．もとは可視光を中心とする光をプリズムなどで波長（周波数）ごとに分けて実験が行われたためこの名称があるが，現代では電波からガンマ線に至る非常に広い周波数域で研究が行われている．このなかでテラヘルツ帯の特徴はどのようであろうか．

　冒頭で述べた基礎科学における適用例として，数件のノーベル賞を出している電波天文学がある．COBE（COsmic Background Explorer, 宇宙背景放射探査機）衛星によって観測された宇宙背景放射のスペクトルを図4.3.4に示す[6]．これは2.7Kの黒体放射を表す，プランクの式にもっともよく合う実験データであるといわれている．宇宙の至る所からこの極低温の放射が降り注いでいることは，ビッグバン宇宙論の有力な証拠となり，1978年にノーベル賞が与えられた．COBE衛星はさらに，放射は完全に等方的ではなく，十万分の一程度の温度分布があることを明らかにした．これは宇宙論に新たな展開をもたらす成果であり，2006年に再びノーベル賞受賞対象となった．精密計測技術が基礎研究を牽引する好例である．ここで，図4.3.4のピーク付近の波長 0.2 cm は，振動数にすると 0.15 THz に相当する．室温 300 K の場合，この

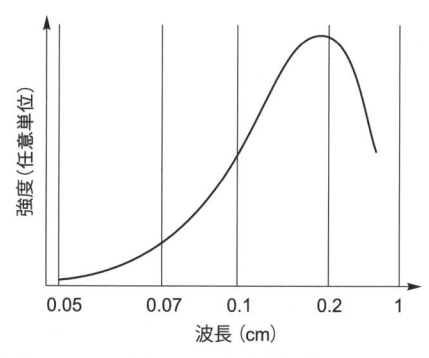

図4.3.4　COBE衛星によって測定された宇宙背景放射のスペクトル［文献6）より］

ピークは17 THz（波長にすると18 μm）となる．波長と振動数は反比例の関係にあるため，プランクの式が最大値をとる点は横軸を波長にとるか周波数にとるかで異なるが，いずれにせよ赤外光で満たされた空間に我々は生活していることになる．

電磁波の吸収はその周波数に共鳴する調和振動子が存在するものとして扱うことができる．電子はその質量が軽く，振動数は高くなって可視・紫外域の吸収スペクトルを特徴づける．一方，質量が重い原子あるいはイオンの振動，すなわち分子振動による吸収は赤外域に現れる．とくに，タンパク質，DNAなどの生体物質，薬品，高分子材料は構成原子の数が膨大で，実効的に質量が巨大になる，あるいは構成要素間の結びつきが弱い（バネ定数が小さい）振動が存在するため，通常の分子振動と比べてより低い振動数に共鳴を示す．すなわち，こうした大きな分子の振動スペクトルはテラヘルツ帯に存在することになる．したがって，テラヘルツ分光によって，（ラベルフリー，すなわち前処理を伴わない）DNA解析，薬品の同定（とくに結晶多形の分析，劣化の確認）なども可能になるものと考えられる．この特徴が前項の図4.3.2の応用などに結びついている．この他，結晶における格子（原子あるいはイオン）の振動，すなわちフォノンも赤外域に存在し，物質によっては（たとえばイオン性の弱い物質では，バネ定数が小さくなることに対応して），フォノンの振動数はテラヘルツ領域に現れる．また，（水分子の回転運動など）分子回転に対応する吸収スペクトルは一般に振動スペクトルより低エネルギー側，多くはテラヘルツ帯に現れる．水蒸気の吸収は非常に強く，この特徴を活かして，（微量に含まれる）水分の検出，可視化も行われている．なお，回転運動が凍結された水の結晶，すなわち氷においてはテラヘルツ帯の吸収は弱くなる．したがって，冷凍食品の内部観察，安全検査は可能であることになる．

他方，電子もテラヘルツ帯に応答を示すことがある．以下にその例をいくつか挙げる．半導体中にその構成原子と価数の異なる原子を不純物としてドープ（添加）すると，価数が大きい不純物（ドナー）は電子を，価数が小さい不純物（アクセプター）は正孔を捕獲する．このドナーと電子，あるいはアクセプターと正孔のペアは，水素原子に似たエネルギー準位構造を示す．すなわち，

$$E_n = -\frac{R}{n^2} \tag{4.3.1}$$

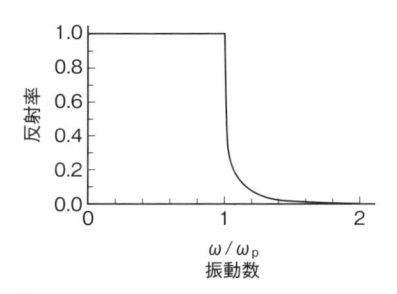

図 4.3.5 金属の反射スペクトル

（ここで n は自然数）と書ける．R の値は，電子の質量 m_0 および真空中の誘電率 ε_0 が各々半導体中の電子あるいは正孔の有効質量 m^*，半導体の誘電率 $\varepsilon(=\varepsilon_r\varepsilon_0)$ に置き換わるため，水素原子と比べて桁違いに小さくなる．すなわち，

$$R = \frac{m^* e^4}{32(\pi\varepsilon_0\varepsilon_r\hbar)^2} \tag{4.3.2}$$

となる．たとえば，Si の場合，m^* は m_0 の 0.2 倍，ε_r は 11 程度である．したがって，R は 20 meV 程度，周波数で 5 THz 付近のテラヘルツ領域にその吸収を示す．一方，光照射によって電子と正孔が生成される場合，両者の間にはクーロン相互作用が働いて励起子と呼ばれる束縛状態を形成し，不純物準位と同様，式（4.3.1）で書かれる水素原子様のエネルギー準位をとる．定数 R は m^* を電子と正孔の換算質量に置き換える必要があるが，その周波数はやはりテラヘルツ帯にある．注意すべきはその観測法で，励起子は光照射で生成された励起状態であり有限の寿命で消滅するため，過渡的な応答を測定する手法である時間分解分光法を用いる必要がある．すなわち，励起子を生成するポンプ光を照射した後，その吸収を調べるプローブ光（テラヘルツ波）を入射するポンプ・プローブ法が使われる．

　金属は自由電子をもち，電磁波に対する応答は主としてそれが担っている．詳細は省略するが，ドルーデモデルを用いて金属の反射スペクトルを計算すると，図 4.3.5 のようになる．プラズマ振動数 $\omega_p = \sqrt{Ne^2/\varepsilon_0 m}$（$N$ は電子密度，m は電子の質量）を境に応答は大きく変わり，$\omega \leq \omega_p$ では完全反射が生じている．また，$\omega > \omega_p$ では反射率が 0 に近づいていく．金属の場合は，可視域

にプラズマ振動数が存在するため，いわゆる金属光沢が見られる．先に述べたように半導体に不純物をドープした場合，不純物準位の束縛エネルギー式 (4.3.2) が小さいとき，比較的高温では束縛された電子（正孔）は容易にイオン化して自由電子（正孔），いわゆるキャリアとなる．その密度が低いためプラズマ振動数もテラヘルツ帯に留まり，図 4.3.5 の構造はテラヘルツ分光で観測できる．したがって，テラヘルツ吸収あるいは反射スペクトルを測定することにより，ドープ量などキャリアの情報が（よく行われるように電極を付けることなく，さらにいえば試料表面を清浄に保ったまま）非接触で得られる．さらに，テラヘルツ分光で超伝導状態の評価も可能であるが，それは他節に譲る (4.4 節参照)．

4.3.3 時間領域分光法とは

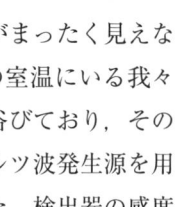

　前節で述べた通り，何もないと思える宇宙空間でさえ，星がまったく見えない方向からでも THz 帯の電磁波が降り注いでいる．300 K の室温にいる我々は，さらに高周波かつ強いテラヘルツ波や赤外線を周囲から浴びており，その上自分自身からもそれらを放射している．とくに強いテラヘルツ波発生源を用意しなければ，それらの雑音に打ち勝つことはできない．また，検出器の感度を上げようとすれば，その温度を下げる必要がある．実際，COBE 衛星に搭載された検出器の多くは，液体ヘリウムでその沸点 4 K 程度にまで冷やされていた．

　そういった問題を解決するには，限られた時間内に大きな強度をもつ（それゆえ，時間平均するとそれほど高強度ではない）パルス波を用いて，それを検出する際も時間的に窓を開け，それ以外の時間に到達した背景放射による電磁波は検出しない方法が考えられる．さらに，窓の時間幅を十分短くできれば，図 4.3.6 に概略を示す方法でパルス波の電場形状を計測することができる．これは同一波形が繰り返す場合に用いられるサンプリングオシロスコープの原理そのものである．すなわち，波形の時間スケールに比べて十分短い時間幅（図では黒丸の横幅を想定）をもつ窓を設定し，その瞬間の電場の値を取得する．このサンプリングを行う時刻を十分短い時間間隔 Δt ずつずらしていくと，右

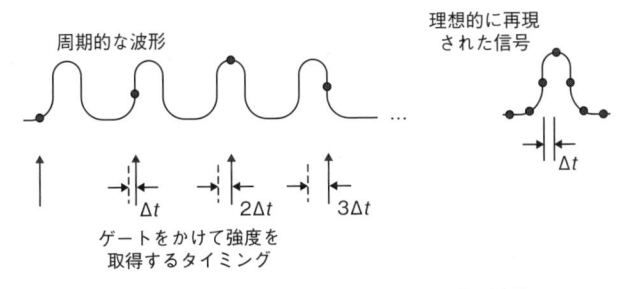

図 4.3.6　サンプリングオシロスコープの原理

に示すようにもとの波形を再現できる．こういった電場のパルス形状を計測する手法を時間領域分光法と呼ぶ．これは得られたテラヘルツ波パルス電場の時間応答をフーリエ変換することでスペクトル情報を求めるというもので，強度のみしか検出できないこれまでの赤外分光法と比べて，電場形状が sin か cos かといった，位相情報も得られるのが特徴である．実は，こうしたパルス電磁波を用いた測定は核磁気共鳴（Nuclear Magnetic Resonance, NMR）ではすでに標準的になっているが，周波数が MHz 帯よりはるかに高いテラヘルツ波を直接検出するには工夫が必要である．図 4.3.6 のサンプリング回路をエレクトロニクス技術のみで構成した場合，取得できる周波数の限界は現在のところ 100 GHz 程度である．THz 帯やさらに高周波側を検出するには，エレクトロニクスとフォトニクスの融合が必須であり，それには時間幅がフェムト秒（1 fs＝10^{-15} s）程度と非常に短いパルスレーザーが欠かせない．超短パルスレーザーについては 4.3.5 項で，テラヘルツ波の発生・検出法については次項で述べる．

　時間領域分光法の測定系の概略を図 4.3.7 に示す．フェムト秒レーザーはテラヘルツ波の発生・検出両方に用いられるため，ビームスプリッターで二分され，どちらか一方（図の場合は発生用のポンプ光）に時間遅延を施すための折り返しミラーとステージを挿入し，図 4.3.6 の Δt を変化させていく．たとえば，100 fs（図の配置ではステージの移動距離 15 μm に対して往復で 30 μm）ごとに時間差を走査すると，その逆数の 10 THz 程度の周波数成分まで計測できる．テラヘルツ帯全域で透明かつ（色収差を避けるため）屈折率が一定の材料は存在しないため，集光にレンズを用いることができない．したがって，反

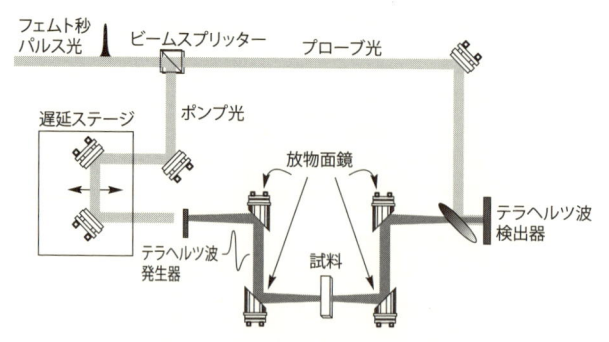

図 4.3.7 時間領域分光法の概略

射光学系（図の場合は放物面鏡）がよく使われる．発生素子からのテラヘルツ波を最初の放物面鏡で準平行束にし，次の放物面鏡で試料表面に焦点を結ばせる．図の場合は透過（あるいは反射）波を再び放物面鏡で準平行束とし，最後の放物面鏡で検出素子にプローブ光と同時に焦点を結ばせる．次項で述べるように，検出素子ではプローブ光が入射した時刻のテラヘルツ波電場強度が符号も含めて得られるようになっている．

　時間領域分光法の利点は以下の通りである．冒頭で述べた通り，パルス波を使用しているため，背景放射の影響がなく，検出素子は室温で動作する．透過または反射測定の際に電場の位相変化もわかり，強度変化と併せて二つの情報を得ることに対応する．したがって，誘電関数の実部と虚部，たとえば吸収係数と屈折率などが同時に求められ，この際，クラマース-クローニッヒ変換，エリプソメトリーなど複雑な解析，実験を行う必要がない[7]．パルス波は広いスペクトル成分を含むため，広い周波数領域，たとえばテラヘルツ帯全域を一度に測定可能である．試料内部のパルス波伝播の様子を追跡しながら解析が可能である．すなわち，定常測定では試料表面での多重反射による干渉などがスペクトル形状を歪ませることがあるが，そうした影響を除去可能である．パルス波の時間幅，たとえばピコ秒（$1\,\mathrm{ps}=10^{-12}\,\mathrm{s}$）程度の時間分解能を有するポンプ・プローブ法への展開が容易である．

4.3.4 テラヘルツ時間領域分光法に用いられる発生・検出法

最初に検出法を二つ紹介する．

まず光伝導アンテナと呼ばれる素子を説明する．図4.3.8に概略を示す通り，半導体基板の上に金などの金属でアンテナ構造を作製したものである．その中央部にはギャップが存在し，そこにゲート光（あるいはプローブ光）と呼ばれる超短パルスレーザーが照射されたときにのみ光キャリア $N(t)$ が生成される．その部分にテラヘルツ波パルス電場 $E(t)$ が入射すると，キャリアは電場によって加速され，平均電流 J が流れることになる．それは以下の式で表される．

$$J(\tau)=e\mu\int_{-\infty}^{\infty}N(\tau-t)E(t)\mathrm{d}t \quad (4.3.3)$$

ここで e, μ はキャリアの電荷，移動度である．また，τ はゲート光とテラヘルツ波パルスの時間差に対応する．ここで，ゲート光の時間幅と光伝導アンテナの基板に用いた低温で成長させたGaAsにおける光キャリアの寿命（100 fs程度）が入射電場の時間変化に対して無視できるほど短ければ，$N(t)$ をデルタ関数で置き換えて，

$$J(\tau)=e\mu E(\tau) \quad (4.3.4)$$

とできる．したがって，アンテナからの平均電流は，符号も含めて入射テラヘ

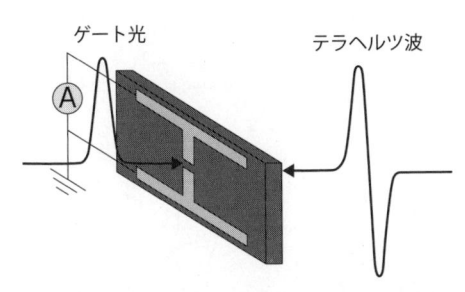

図4.3.8 光伝導アンテナによる検出の概念図
本研究で用いたアンテナ構造は図の通りダイポール型で，長さは30 μm，ギャップは5 μmであった．この図と異なり，ゲート光とテラヘルツ波を同方向から入射すると，基板(GaAs)の吸収の効果を軽減できる

ルツ波電場の瞬間値に比例し,ゲート光パルスと入射電場の時間差を走査しながら電流値を測定すれば,図4.3.6の原理でテラヘルツ波パルス電場の時間応答が得られることになる.

もう一方の電気光学（Electro-Optic, EO）サンプリング法の原理は以下の通りである.テラヘルツ電場によってEO効果が非線形光学結晶（3.4節参照）に生じ,屈折率が異方的に変化する.このとき,ある直線偏光をもったプローブ光パルスを入射し,異方的な屈折率をもつ結晶を透過する際に生じる偏光状態の変化を検出し,テラヘルツ波パルスとプローブ光パルスの時間遅延を走査することによって電場の時間応答を得る.

テラヘルツ波パルスの発生には色々な方法があるが,電磁波の存在をはじめて実験的に示したヘルツ（Hertz）の実験と同様の手法が知られている.すなわち,図4.3.8のような光伝導アンテナに電流計をつなぐ代わりに電圧を印加し,そこに超短パルスレーザー（ポンプ光）を照射すると,瞬時電流 $J(t)$ が流れ,次式で表されるような電場が発生する.

$$E(t) \propto \frac{dJ(t)}{dt} \tag{4.3.5}$$

一方,非線形光学結晶を用いた光整流もよく用いられる.2次の非線形光学効果（3.4節参照）によって,図4.3.9に示すように二つの入力光のエネルギー差に相当する光（$\omega = \omega_2 - \omega_1$）を生成する差周波発生の特別な場合で,入力光のみが照射される場合である.通常は $\omega = 0$ の直流電場発生を意味するが,超短パルス光の場合はその広いスペクトル幅 $\Delta\omega$ に対応して,$\Delta\omega$ 程度までの周波数をもったパルス光が発生することになる.すなわち,一つのレーザース

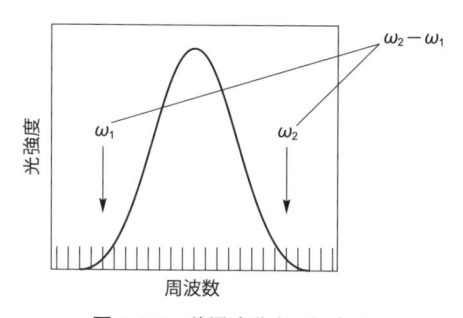

図4.3.9　差周波発生の概念図

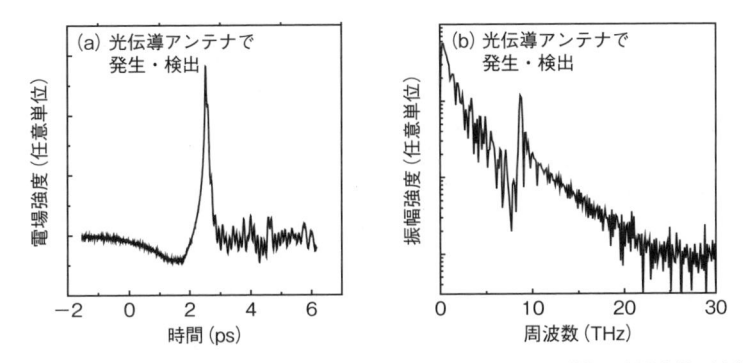

図4.3.10 光伝導アンテナで発生・検出したテラヘルツ波パルス電場の時間応答（左）とそのフーリエ変換振幅スペクトル（右）[8] Copyright (2008) The Japanese Society of Applied Physics

ペクトル内の高周波側と低周波側の差周波発生によって，テラヘルツ域のパルスが発生できる．たとえば，レーザーのスペクトル幅が1 THzであれば，およそ1 THzに至る電磁波パルスが発生できることになる．

後述するモード同期チタンサファイアレーザー（パルス幅10 fs）を用いて，光伝導アンテナを図4.3.7の発生および検出素子として時間領域分光を行った結果を図4.3.10（左）に示す[8]．そのフーリエ変換によって得られた振幅のスペクトルである図4.3.10（右）から，0.1 THzから25 THz付近まで信号が観測できることがわかる．空気中で測定したため，水蒸気や炭酸ガスによる鋭い吸収線が数多く見られる．

4.3.5 超短パルスレーザーとその波形

超短パルス光の発生法として，モード同期レーザーを取り上げる．レーザーの説明は他節に譲るが（1.3節参照），その共振器内に存在できる離散的な周波数νのみ発振が許される．すなわち

$$\nu_m = \frac{mc}{2L} \tag{4.3.6}$$

ここでmは自然数，cは光速，Lは共振器長であり，周波数の間隔は$\Delta\nu = c/2L$である．レーザーのスペクトルの概略を図4.3.11（左）に示す．破線は

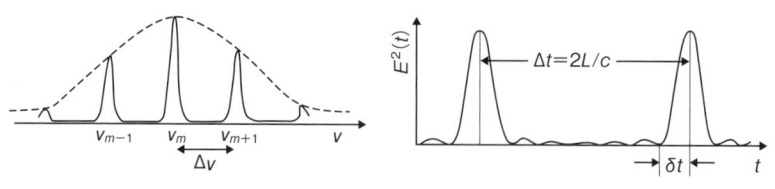

図 4.3.11 モード同期レーザーのスペクトル（左）とパルス列の様子（右）

レーザー媒質の利得スペクトルに対応し，どの程度の周波数（あるいは m の）範囲で発振できるかを決定する．各々の周波数をもつ振動成分（モード）の位相が α の整数倍に決まって（同期して）いれば，次式のように等比級数の計算を行うことで電場形状が求まる．

$$E(t) = \sum_{n=-N}^{N} E_0 \exp[2\pi i(\nu_0 + n\Delta\nu)t + n\alpha] \\ = E_0 \frac{\sin[(2N+1)\pi\Delta\nu t + \alpha/2]}{\sin[(2\pi\Delta\nu t) + \alpha/2]} \exp(2\pi i \nu_0 t) \quad (4.3.7)$$

ここで，ν_0 は中心周波数，$2N+1$ は発振可能な振動成分の数である．指数関数（この部分は光の周波数をもつ搬送波成分）の前の項（包絡線に相当）は sin 関数からなるため周期関数である．その周期は $1/\Delta\nu=2L/c$ で，レーザーパルス光が共振器内を往復する時間と一致する．共振器長が 1.5 m であれば，この周期は 10 ns，周波数にして 100 MHz となる．この包絡線すなわちパルス列の様子を図 4.3.11（右）に示す．パルスの半幅は

$$\delta t = \frac{1}{(2N+1)\Delta\nu} \quad (4.3.8)$$

と計算できる．すなわち，発振できるスペクトル幅が広いほど，パルス幅は狭くなる．Ti をドープしたサファイア（Ti：Sapphire）結晶は 650～1100 nm の広い領域でレーザー発振が可能であり，発振可能な範囲すべてを利用してモード同期することで，数 fs の時間幅も実現できる．超短パルス光発生にもっともよく用いられているレーザーである．以下の項ではこのレーザーを用いた結果を紹介する．

ここで，物質中の光の速度は一定でなく，周波数に依存することを無視した．レーザー媒質中では一般に，パルス光の搬送波（キャリア）の進む速度（位相速度）と包絡線（エンベロープ）の進む速度（群速度）は一致しない．

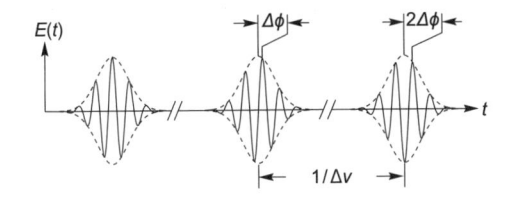

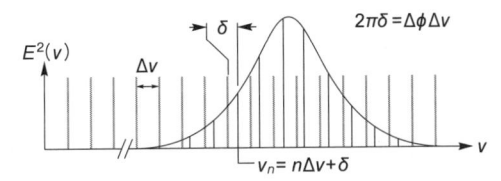

図 4.3.12 パルス列の時間波形（上）とそのスペクトル（下）
搬送波の進む速度（位相速度）と包絡線の進む速度（群速度）が一致しないため，パルスの電場波形は時間とともに変化していく．周波数軸上においては搬送波と包絡線の位相のずれ $2\pi\delta$ がその波形変化に対応する

すなわち，図 4.3.12（上）に示す通り，キャリア形状に対応する cos 関数の位相がエンベロープの繰り返し周期ごとに $\Delta\phi$ ずつずれていく．これは図 4.3.12（下）に示す通り，式（4.3.5）で書かれる周波数のオフセットに対応する．このキャリアエンベロープオフセットの制御に成功した2名の物理学者が 2005 年にノーベル賞を受賞している[9]．紙数の都合で詳細を紹介することはできないが，これは光周波数コム（櫛）と呼ばれる手法である．図 4.3.12（下）のように，周波数軸上に櫛状の基準周波数が（たとえば 100 MHz 間隔で）複数存在し，未知の電磁波と干渉を生じさせることで，光領域の非常に高い周波数成分までも（たとえば 100 MHz 以下の）電波領域にダウンコンバートして，エレクトロニクス技術でその周波数を非常に精度よく決定することができる．周波数の超高精度測定は時間の超高精度測定に対応し，標準時を決定している原子時計の精度を桁違いに向上させること，それによる GPS の位置精度向上などさまざまな応用が期待されている．

キャリアエンベロープオフセットの問題は時間領域分光法において非常に重要である．サンプリングオシロスコープの原理は，毎回同一形状が繰り返す波形測定にしか適用できないからである．幸いなことに，図 4.3.9 に示す光整流（差周波発生）を用いる場合，周波数コムの2成分の差をとるためにオフセッ

トは必ず相殺し，特別な制御法を用いることなく常にキャリアエンベロープオフセットが0の周波数コムが生成されている．したがって，図4.3.12からわかる通り，電場形状は不変である．光伝導アンテナを用いる場合も同様で，光の強度，すなわち電場の2乗に比例した瞬時電流が式（4.3.5）で生じるため，差周波発生とまったく同じように周波数コムの2成分の差が寄与し，キャリアエンベロープオフセットは0となる．テラヘルツ帯の周波数コムを用いた超高精度周波数測定も行われている[10]．

4.3.6 超広帯域時間領域分光法の現状

これまで，時間領域分光法の適用範囲は数THz程度までに限定されていたが，最近，中赤外域をカバーして100THzを超える近赤外域まで時間領域分光法を拡張する試みが行われている．以下では，その最前線を紹介する．

光伝導アンテナの検出原理を示す式（4.3.3）において，$E(t)$の時間変化に対して$N(t)$が有限の幅をもつ場合，アンテナからの電流はどのようになるであろうか．たとえば，レーザーのパルス幅は十分に短いが，生成された光キャリアの寿命が非常に長い場合，$N(t)$はヘビサイド（Heaviside）の階段関数と見なすことができる．この場合の電流Jは以下のように表せる．

$$\frac{dJ(\tau)}{d\tau} \propto e\mu E(\tau) \tag{4.3.9}$$

両辺にフーリエ変換を施すと，周波数をνとして，

$$J(\nu) \propto \frac{E(\nu)}{\nu} \tag{4.3.10}$$

となる．したがって，感度は周波数に反比例して低下するものの，レーザーのパルス幅が短ければ，キャリアの寿命に制限されず高周波成分まで計測可能であることがわかる．

実際に光伝導アンテナの検出限界を調べた実験を紹介する．まず，パルス幅10fs程度のモード同期チタンサファイアレーザーを用い，（図4.3.10の場合と異なり）厚さ30μmのGaSe結晶の光整流を用いて発生した結果を図4.3.13（左）に示す[11]．時間幅10fs程度の超高周波成分が検出されている．

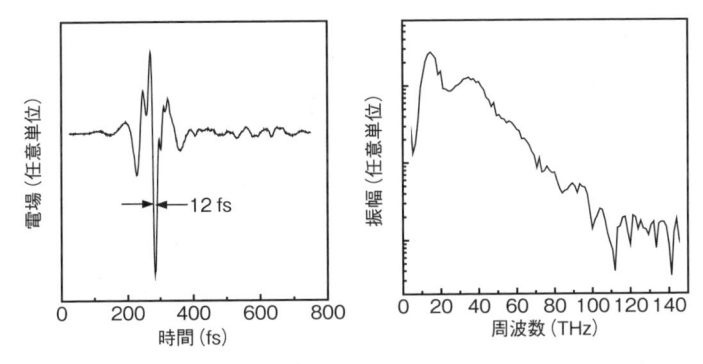

図 4.3.13 GaSe 結晶を発生源として光伝導アンテナで検出したテラヘルツ波パルス電場の時間応答（左）とそのフーリエ変換振幅スペクトル（右）

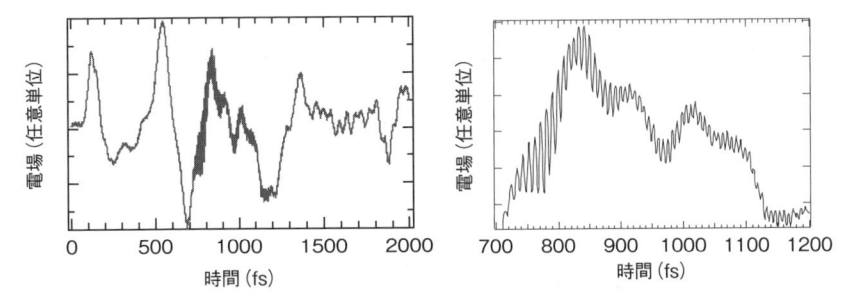

図 4.3.14 DAST 結晶を発生源として光伝導アンテナで検出したテラヘルツ波パルス電場の時間応答（左）とその 700〜1200 fs における拡大図（右）

また，主たる構造の幅も 200 fs 以下で，超高速現象の追跡が可能であることがわかる．この時間応答のフーリエ変換を行ったスペクトルが図 4.3.13（右）である．式（4.3.10）の予想通り高周波側の強度が低下しているが，100 THz 程度まで検出できている．

さらに，5 fs 程度にパルス幅を縮め，非線形性の大きな有機結晶 DAST（4-dimethylamino-N-methyl-4 stilbazolium tosylate）を発生源とした実験結果を図 4.3.14（左）に示す[12]．図 4.3.10，4.3.13 と異なり，複雑な時間応答をみせているが，図 4.3.14（右）の拡大図に示す通り，周期が 6〜10 fs の非常に高い周波数成分を観測できている．これは図 4.3.15 に示す図 4.3.14（左）のフーリエ変換振幅スペクトルの 100〜170 THz 付近の信号に対応する．これはアンテナを用いた電場時間応答の直接検出としてはもっとも周波数の高い実験

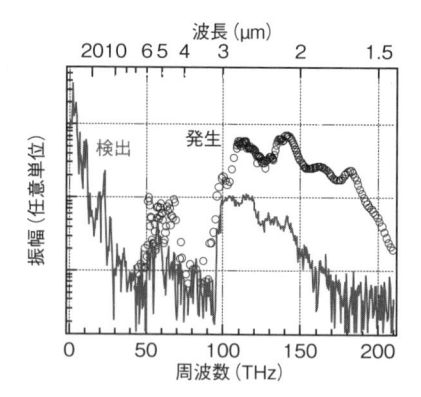

図 4.3.15　図 4.3.14（左）のフーリエ変換振幅スペクトル（実線）とパルス幅 5 fs のレーザーを DAST 結晶に照射した際に発生した赤外光のスペクトル（黒丸）
後者は，50 THz 以上の周波数範囲を分光器と半導体赤外検出器で測定した

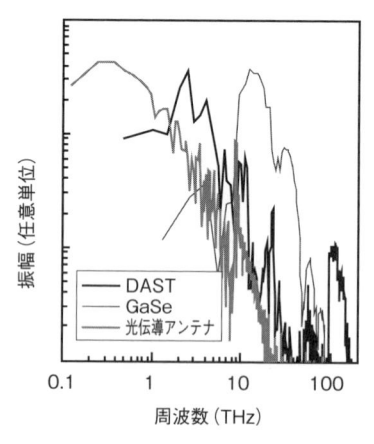

図 4.3.16　光伝導アンテナによる検出結果のまとめ
発生源には DAST 結晶，GaSe 結晶，光伝導アンテナを組み合わせた

結果であり，膨大な蓄積のあるアンテナ工学の成果を赤外域，すなわち光の領域にまで適用できる可能性を秘めた重要な成果である．なお，パルス幅が 5 fs と非常に短いため，そのスペクトルは非常に広く，光整流によってパルス幅の逆数に相当する 200 THz を超える近赤外光の発生に成功している（図 4.3.15 黒丸）．したがって，光通信波長帯とテラヘルツ帯を同時に発生すること，すなわち，前項で述べた周波数コムで両周波数帯をつなぐことができていること

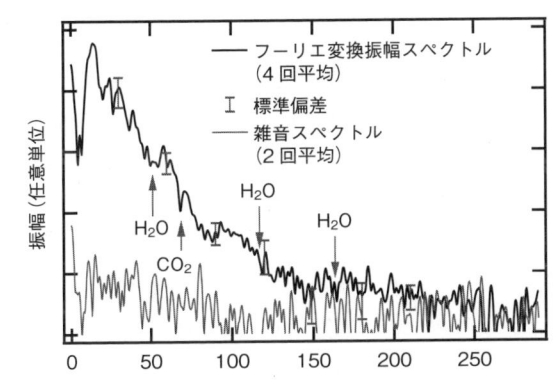

図 4.3.17 空気プラズマを発生・検出に用いた場合のフーリエ変換振幅スペクトル（太線）と雑音スペクトル（細線）
バーはデータの揺らぎの幅（標準偏差）を表す．雑音レベルとの比較から，150 THz に至るまで切れ目なく測定することに成功していることがわかる．水蒸気，炭酸ガスによる吸収線が見られる［文献 13）より］

になり，今後，広範な応用が期待される．

このように，図 4.3.10, 4.3.13, 4.3.15 のスペクトルを合わせると，光源の取り換えは必要なものの，図 4.3.16 のように 0.1 THz から 170 THz の 3 桁以上にも及ぶ周波数領域（エネルギーでは 0.41〜750 meV）を 1 個の光伝導アンテナで検出可能であることが明らかとなった．図 4.3.1 で見ると，ミリ波から近赤外までの広い領域をカバーしている．

最後に，もう一つの広帯域発生・検出法に触れておく．空気などの気体に高強度のレーザー光を集光すると，絶縁破壊が起こり，陽イオンと電子からなるプラズマが生成される．これは半導体を光励起した際に生じる電子正孔プラズマと同様の状態で，照射したレーザー光電場による加速を受け，式 (4.3.5) の原理でテラヘルツ波の発生に利用できる．この場合も超短パルス光を用いると，非常に広い周波数範囲をカバーでき，チタンサファイアレーザーを増幅した高強度短パルスレーザー（パルス幅 10 fs 程度）を用いることで，200 THz までのパルス波発生，その 150 THz 付近までの電場検出と，世界最高帯域の発生・検出に成功している[13]．その結果を図 4.3.17 に示す．

4.3.7 高強度化とさらなる発展

　テラヘルツ波の高強度化も進んでいる．電場強度で 1 MV/cm を超えるテラヘルツ波の発生も可能となった[14]．これは我々が日常的に使用している半導体素子の pn 接合にかかる電場よりもはるかに強く，物質にこの高強度テラヘルツ波を照射するだけで，相転移を生じさせるなど物質の状態を制御することができるものと期待される．電子レンジによる加熱とはひと味違う調理も可能となるかも知れない．また，光のエネルギーとしてはまったく足りないこのテラヘルツ波を半導体に照射するだけで，数百倍のエネルギーに相当するバンド間発光が生じることなどが見出されている[15]．今後も数多くの発見や技術革新が進んでいくことは間違いない．ほかにも，放射光施設とレーザーを組み合わせることで高強度化を図る実験も行われている[16]ほか，自由電子レーザーと呼ばれる大型装置で，非常に強いテラヘルツ波パルスを発生することも進んでいる（1.2 節参照）．

　数年後には本節の内容はすでに古いものとなっているかも知れない．それほど進展が速い分野である．今後も目が離せない．

[芦田昌明]

参考文献
1) http://www.ntt.co.jp/news2012/1209/120920a.html
2) http://www.ieee802.org/15/pub/IGthz.html
3) K. Kawase, Terahertz Imaging For Drug Detection and Large-Scale Integrated Circuit Inspection, Optics & Photonics News 34 October 2004.
4) http://www.nec.com/en/global/prod/terahertz/
5) http://www.nict.go.jp/press/2009/02/25-1.html & K. Fukunaga and M. Picollo, *Appl. Phys. A*, **100**, 591 (2010).
6) http://www.nobelprize.org/nobel_prizes/physics/laureates/2006/popular-physicsprize2006.pdf
7) 片山郁文, 芦田昌明, *J. Vac. Soc. Jpn.*, **53**, No. 5, 301 (2010).
8) M. Ashida, *Jpn. J. Appl. Phys.*, **47**, No. 10B, 8221 (2008).
9) http://www.nobelprize.org/nobel_prizes/physics/laureates/2005/popular-physicsprize2005.pdf
10) T. Yasui, Y. Kabetani, E. Saneyoshi, S. Yokoyama and T. Araki, *Appl. Phys. Lett.*, **88**,

241104 (2006).
11) M. Ashida, R. Akai, H. Shimosato, I. Katayama, K. Miyamoto and H. Ito, Electric Field Detection of Near-Infrared Light Using Photoconductive Sampling, *Ultrafast Phenomena XVI* (Springer Series in Chemical Physics), Springer, 979 (2009).
12) I. Katayama, R. Akai, M. Bito, H. Shimosato, K. Miyamoto, H. Ito and M. Ashida, *Appl. Phys. Lett.*, **97**, 021105 (2010) & I. Katayama, R. Akai, M. Bito, E. Matsubara and M. Ashida, *Optics Express*, **21**, 16248 (2013).
13) E. Matsubara, M. Naga and M. Ashida, *Appl. Phys. Lett.*, **101**, 011105 (2012) & E. Matsubara, M. Nagai and M. Ashida, *J. Opt. Soc. Am. B*, **30**, 1627 (2013).
14) H. Hirori, A. Doi, F. Blanchard and K. Tanaka, *Appl. Phys. Lett.*, **98**, 091106 (2011).
15) H. Hirori, K. Shinokita, M. Shirai, S. Tani, Y. Kadoya and K. Tanaka, *Nat. Commun.*, **2**, 594 (2011).
16) S. Bielawski, C. Evain, T. Hara, M. Hosaka, M. Katoh, S. Kimura, A. Mochihashi, M. Shimada, C. Szwaj, T. Takahashi and Y. Takashima, *Nat. Phys.*, **4**, 390 (2008) & I. Katayama, H. Shimosato, M. Bito,K. Furusawa, M. Adachi, M. Shimada, H. Zen, S. Kimura, N. Yamamoto, M. Hosaka, M. Katoh and M. Ashida, *Appl. Phys. Lett.*, **100**, 111112 (2012).

4.4 光で探索する超伝導の世界

4.4.1 はじめに

　固体の性質（物性）には，力学的性質，磁気的性質，電気的性質，熱的性質などさまざまな性質がある．それらを調べるためには，電場や磁場や熱などの外場を摂動として加え，その応答をみる必要がある．光（電磁波）はそのような摂動の一つであり，外部電場に対する応答は誘電関数 $\varepsilon(\omega)$ で表される．逆にいうと，誘電関数には，固体中の分極を伴う素励起の情報がすべて含まれており，これを測定することがすなわち"物質を知る"ことになる．

　本節では，超伝導体を含む金属がどのような誘電応答を示すか，それはどのような物理量を測定すれば決定できるのかを概観し，高温超伝導体のような強相関電子系や低次元電子系の特徴的な光学応答についても紹介する．

　光と呼ばれる電磁波の波長 λ は，真空紫外光（$\lambda \sim 0.03$-$0.1\,\mu\mathrm{m}$）から可視光（$\lambda \sim 0.2$-$0.7\,\mu\mathrm{m}$），赤外光，遠赤外光（$\lambda \sim 10$-$300\,\mu\mathrm{m}$）までの範囲にある．それより短いものは X 線であり，長いものはミリ波，マイクロ波と呼ばれる電磁波である．光学スペクトルは，誘電関数や伝導度，反射率，透過率などを光の波長の関数で表したものであるが，波長の代わりに波数やエネルギーで表示することも多い．波長 $\lambda = 100\,\mu\mathrm{m}$ の光は，波数（$=1/\lambda$）$100\,\mathrm{cm}^{-1}$，エネルギー（$=\hbar\omega$）$12.4\,\mathrm{meV}$ である．本節では，波長よりむしろエネルギーあるいは周波数，波数の関数として電荷応答を議論することが多いことをお断りしておく．

4.4.2 固体中の電荷応答と光学スペクトル

a. 固体中の電磁波の伝播と誘電関数

物質中での光の伝播は,以下の四つのマックスウェル方程式で記述される.

$$\nabla \times \boldsymbol{H} = \frac{1}{c}\frac{\partial \boldsymbol{D}}{\partial t} + \frac{4\pi}{c}\boldsymbol{J}$$

$$\nabla \times \boldsymbol{E} = -\frac{1}{c}\frac{\partial \boldsymbol{B}}{\partial t}$$

$$\nabla \cdot \boldsymbol{E} = 0$$

$$\nabla \cdot \boldsymbol{B} = 0$$

ここで,$\boldsymbol{D}=\varepsilon\boldsymbol{E}$, $\boldsymbol{B}=\mu\boldsymbol{H}$ であり,誘電率 ε,透磁率 μ には物質固有の電気的・磁気的性質が繰り込まれている.今,磁気的性質を考えないので $\mu=1$ とおき,電流が $\boldsymbol{J}=\sigma\boldsymbol{E}$ と表されることを使って,上記マックスウェル方程式から電場だけの方程式を導出すると,

$$\nabla^2\boldsymbol{E} = \frac{\varepsilon}{c^2}\frac{\partial^2 \boldsymbol{E}}{\partial t^2} + \frac{4\pi\sigma}{c^2}\frac{\partial \boldsymbol{E}}{\partial t}$$

が得られる.光を平面波 $\boldsymbol{E}=\boldsymbol{E}_0 e^{i(\boldsymbol{K}\cdot\boldsymbol{r}-\omega t)}$ とし,上式に代入すると,以下のようになる.

$$-K^2 = -\frac{\varepsilon}{c^2}\omega^2 - i\frac{4\pi\sigma}{c^2}\omega$$

$$K = \frac{\omega}{c}\left(\varepsilon + i\frac{4\pi\sigma}{\omega}\right)^{1/2}$$

真空中での光の伝播に関する分散式 $K=\omega/c$ と比べると,$[\varepsilon+(4\pi\sigma/\omega)i]^{1/2}$ だけ異なり,物質中で光の速度がそれだけ変化したことを意味する.物質内での光の速度と真空中での光速との比で,物質の屈折率 $\widetilde{N}$ が定義される.ただし,この屈折率は一般に複素数である.

複素屈折率 $\qquad \widetilde{N} = \left(\varepsilon + i\frac{4\pi\sigma}{\omega}\right)^{1/2} \qquad (4.4.1)$

複素誘電率 $\qquad \tilde{\varepsilon} = \widetilde{N}^2 = \varepsilon + i\frac{4\pi\sigma}{\omega} \qquad (4.4.2)$

同様に複素伝導度も定義できる．

$$複素伝導度 \quad \tilde{\sigma} = \frac{1}{4\pi i}\omega(\tilde{\varepsilon}-\varepsilon_\infty) \tag{4.4.3}$$

b. 反射率と誘電関数

次に，光の反射率と誘電率との関係についてみてみよう．図 4.4.1 のように z 方向に真空から物質に入射する光（振幅 E_1）と反射光（振幅 E_2），物質内への侵入光（振幅 E_0）を考える．$z>0$ は物質内，$z<0$ は真空である．電場の振動方向を x 軸にとり，境界での連続条件を満たすマックスウェル方程式の解を求める．

$$z>0 \text{ の解は} \quad E_x = E_0 \exp\{i(Kz-\omega t)\} = E_0 \exp\left\{i\omega\left(\frac{\tilde{N}z}{c}-t\right)\right\}$$

$$z<0 \text{ の解は} \quad E_x = E_1 \exp\left\{i\omega\left(\frac{z}{c}-t\right)\right\} + E_2 \exp\left\{-i\omega\left(\frac{z}{c}+t\right)\right\}$$

と表される．$z=0$ での接合条件から，

$$E_0 = E_1 + E_2 \tag{4.4.4}$$

磁場の向きは y 方向なので，H_y をマックスウェル方程式第 2 式 $-1/c(\partial H_y/\partial t) = \partial E_x/\partial z$ から計算すると，$z>0$ では

$$H_y = -c\int \frac{i\omega \tilde{N}}{c} E_0 \exp\left\{i\omega\left(\frac{\tilde{N}z}{c}-t\right)\right\}dt = \tilde{N}E_0 \exp\left\{i\omega\left(\frac{\tilde{N}z}{c}-t\right)\right\}$$

$z<0$ では，

$$H_y = E_1 \exp\left\{i\omega\left(\frac{z}{c}-t\right)\right\} - E_2 \exp\left\{-i\omega\left(\frac{z}{c}+t\right)\right\}$$

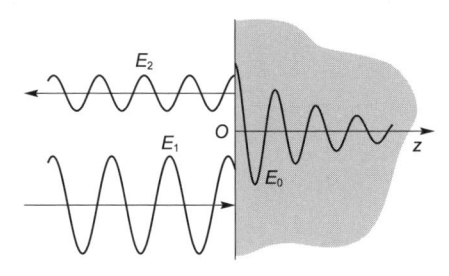

図 4.4.1　真空から物質内に入射する光（振幅 E_1）と反射光（同 E_2），侵入光（同 E_0）

$z=0$ での接合条件より，

$$\widetilde{N}E_0 = E_1 - E_2 \tag{4.4.5}$$

式 (4.4.4)，(4.4.5) より

$$\widetilde{N}(E_1 + E_2) = E_1 - E_2$$

これより

$$\frac{E_2}{E_1} = \frac{1-\widetilde{N}}{1+\widetilde{N}}$$

したがって，反射率 R は，

$$R = \left|\frac{E_2}{E_1}\right|^2 = \left|\frac{1-\widetilde{N}}{1+\widetilde{N}}\right|^2 = \frac{(n-1)^2 + k^2}{(n+1)^2 + k^2} \tag{4.4.6}$$

あるいは，

$$R = \left|\frac{1-\sqrt{\varepsilon}}{1+\sqrt{\varepsilon}}\right|^2 \tag{4.4.7}$$

ここで，n と k は複素屈折率の実部と虚部である．R は二つの未知数を含むので，R を実験で測定しただけでは，複素屈折率や誘電関数を決定できない．しかし，実際は実部と虚部は独立ではなく，以下のように分散関係で結びついている．

一般に外力（ここでは電場 $\boldsymbol{E}$）とそれによる変位（ここでは $\boldsymbol{D}$）が応答関数（ここでは ε）で線形に結びついていて（$\boldsymbol{D} = \varepsilon \boldsymbol{E}$），これらが時間（周波数）の関数であるなら，因果律を満たす．すなわち，力が加わった後で変位が起きる．因果律を満たすためには，応答関数の実部と虚部の間にクラマース-クローニッヒ（Kramers-Kronig）の関係が成り立つ．たとえば，誘電関数 $\tilde{\varepsilon}(\omega) = \varepsilon_1(\omega) + i\varepsilon_2(\omega)$ については

$$\varepsilon_1(\omega) = \frac{2}{\pi} \int_0^\infty \frac{\omega' \varepsilon_2(\omega')}{\omega'^2 - \omega^2} d\omega' + const. \tag{4.4.8}$$

$$\varepsilon_2(\omega) = -\frac{2\omega}{\pi} \int_0^\infty \frac{\varepsilon_1(\omega')}{\omega'^2 - \omega^2} d\omega' \tag{4.4.9}$$

という関係があり，実部と虚部は独立なパラメーターではなく，一方がすべての周波数についてわかれば，もう片方も求められる．同様な関係式は，複素屈折率の 2 乗 $\widetilde{N}^2(\omega) = [n(\omega)^2 - k(\omega)^2] + 2in(\omega)k(\omega)$ や伝導度 $\tilde{\sigma}(\omega) = \sigma_1(\omega) + i\sigma_2(\omega)$

の実部・虚部の間にも成り立つ.

　反射率については，複素振幅反射率 $\tilde{r}$ と位相 θ を導入する必要がある. $\tilde{r}$ は，

$$\tilde{r}(\omega)=\sqrt{R(\omega)}\exp(i\theta)=\frac{1-\tilde{N}}{1+\tilde{N}}$$

これを変形すると，$\ln \tilde{r}(\omega)=\ln\sqrt{R(\omega)}+i\theta(\omega)$ となるから $\ln\sqrt{R(\omega)}$ と $\theta(\omega)$ の間にクラマース-クローニッヒの関係が成り立つ．したがって，

$$\theta(\omega)=-\frac{2\omega}{\pi}\int_0^\infty \frac{\ln\sqrt{R(\omega')}}{\omega'^2-\omega^2}d\omega' \qquad (4.4.10)$$

となり，$R(\omega)$ が実験で決定されれば，$\tilde{N}(\omega)$ や $\tilde{\varepsilon}(\omega)$ の実部と虚部も求められる．

　このようにクラマース-クローニッヒ変換によって反射率スペクトルから誘電関数を求める方法は，広く使われているが，実際は $\omega=0$ から無限大までのデータを測定することは不可能なので，式 (4.4.10) の積分は有限の周波数範囲で行うか，未測定の周波数領域について外挿を行うという方法がとられる．どのように低周波数領域，高周波数領域の値を外挿するかが，正しい誘電関数を得るために重要な鍵となる．金属であれば，$\omega=0$ 近傍は，後述するようなハーゲン-ルーベンス（Hagen-Rubens）の式で近似し，真空紫外領域については $R(\omega)\sim\omega^{-4}$ で外挿することが多い．

4.4.3　金属の光学応答

　ドルーデ（Drude）によって構築された古典金属電子論では，金属中の自由電子は，電子ガス（あるいは液体）として扱われる．質量 m，電荷 $-q$，密度 n の電子ガスに電場がかかったときの応答を考察してみよう．

　正電荷をもったイオン結晶格子に対して，外場 E によって電子気体が一様に x だけ動いたとすると，運動方程式は

$$nm\frac{d^2x}{dt^2}+\gamma\frac{dx}{dt}=-nqE \qquad (4.4.11)$$

と書ける．ここで，γ は抵抗である．

定常電流 $d^2x/dt^2=0$ に対しては,

$$J = -qn\frac{dx}{dt} = -qn\left(-\frac{qn}{\gamma}E\right) = \frac{n^2q^2E}{\gamma}. \qquad (4.4.12)$$

伝導度 σ は, $J=\sigma E$ で定義されるから, 式 (4.4.12) より $\sigma = n^2q^2/\gamma$.

一方, 式 (4.4.11) をフーリエ変換すると

$$(-nm\omega^2 - i\gamma\omega)x(\omega) = -nqE(\omega)$$

よって,

$$x(\omega) = \frac{nqE(\omega)}{nm\omega^2 + i\gamma\omega}$$

この変位による電気分極は, $P(\omega) = -nqx(\omega)$ である.
したがって, 誘電率は,

$$\tilde{\varepsilon}(\omega) = 1 + 4\pi\frac{\vec{P}}{\vec{E}} = 1 - \frac{4\pi nq^2/m}{\omega^2 + i(\gamma/nm)\omega} \qquad (4.4.13)$$

ここで, プラズマ周波数 $\omega_p \equiv \sqrt{4\pi nq^2/m}$, ダンピング因子 $\Gamma(\omega) \equiv \tau(\omega)^{-1} = \gamma/nm$ を使って式 (4.4.13) を書き直すと,

$$\tilde{\varepsilon}(\omega) = 1 - \frac{\omega_p^2}{\omega^2 + i\omega\Gamma} \qquad (4.4.14)$$

が得られる. $\Gamma=0$ の簡単な場合を考えると, $\omega=\omega_p$ で $\varepsilon=0$, すなわち屈折率 0 となることがわかる. これは, 物質中を伝搬する電磁場の波長が無限大になることに相当し, 電子が同位相で振動することを意味する. したがって, プラズマ周波数 ω_p は, 電子の集団励起（縦波）の周波数であるといえる. 式 (4.4.14) は, 金属の電荷応答を記述する典型的な誘電関数であり, ドルーデの式と呼ばれる.

式 (4.4.14) より, 誘電関数の実部は, $\varepsilon_1(\omega) = 1 - (\omega_p^2/(\omega^2+\Gamma^2))$ となり, $\omega = \sqrt{\omega_p^2 - \Gamma^2}$ で $\varepsilon_1 = 0$ となる. $\Gamma \ll \omega_p$ の場合（多くの金属でこの近似が成り立つ）を図 4.4.2 (a) に示した. $0 \leq \omega < \omega_p$ の範囲で, ε_1 は負となる. 誘電率実部が負の周波数領域は特別な意味をもつ. そのとき式 (4.4.7) の平方根の中が負, したがって平方根 $\sqrt{\varepsilon}$ は純虚数となり, 反射率は 1 になる. すなわち, プラズマ周波数より低周波数の光は完全反射されることになる. 一方, 周波数がプラズマ周波数より大きくなると反射率は急激に 1 より低下し, その構造はプラズマエッジと呼ばれる.（図 4.4.2 (b)）

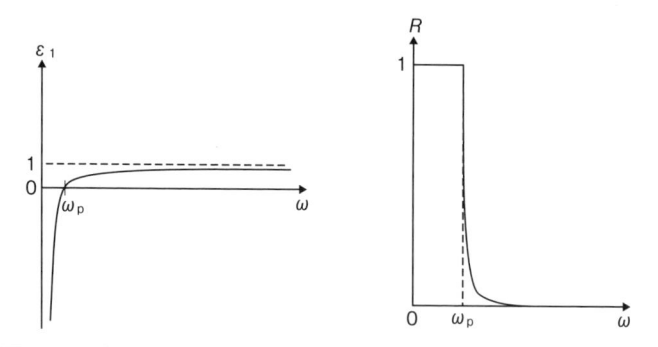

図 4.4.2 金属の (a) 誘電関数実部と (b) 反射率スペクトル (Γ=0 の場合)

実際の物質の光学スペクトルでは，プラズマ周波数より高周波数領域に，バンド間遷移に伴うたくさんの電子励起があり，それらの誘電関数への寄与を考慮する必要がある．プラズマ周波数より十分高周波数にある励起の寄与は ε_∞ という定数で繰り込める（ε_∞ は光学誘電率と呼ばれる）．この場合，式 (4.4.14) の第 1 項の定数 1 は ε_∞ に置き換えられる．実部は，

$$\varepsilon_1(\omega) = \varepsilon_\infty - \frac{\omega_p^2}{\omega^2 + \Gamma^2} \quad (4.4.15)$$

となる．$\Gamma \ll \omega_p$ の場合を図 4.4.3 (a) に示す．プラズマエッジの構造を作る周波数は ω_p ではなく，$\omega_p' \equiv \omega_p/\sqrt{\varepsilon_\infty}$ となる（ω_p' を遮蔽されたプラズマ周波数と呼ぶ）．もう一つ大きな変化は，$\varepsilon_1=1$ となる周波数，すなわち $R=0$ となる周波数がプラズマエッジ付近に存在することである（$\varepsilon_\infty>1$）．この様子を図 4.4.3 (b) に示す．

ここで低周波数の様子をもう少し詳しくみてみよう．$\omega \ll \Gamma \ll \omega_p$ とすると，$\varepsilon_1 \approx -\omega_p/\Gamma^2$，$\varepsilon_2(\omega) \approx \omega_p^2/\omega\Gamma = 4\pi\sigma_0/\omega$（$\sigma_0$ は直流伝導度）と近似できる．したがって，$|\varepsilon_1| \ll |\varepsilon_2|$ であり，$\tilde{N}^2$ は純虚数と見なせ，$n \approx k \approx \sqrt{\varepsilon_2/2}$ となる．反射率も同じ近似で計算すると，

$$R \approx 1 - \frac{2}{n} = 1 - \left(\frac{2\omega}{\pi\sigma_0}\right)^{1/2} \quad (4.4.16)$$

となる．これは，低周波数極限で反射率100%への近付き方が $\sqrt{\omega}$ に比例することを示しており，実験結果に非常によく合う．式 (4.4.16) は，ハーゲン-ルーベンスの式と呼ばれ，先に述べたように，クラマース-クローニッヒ変換

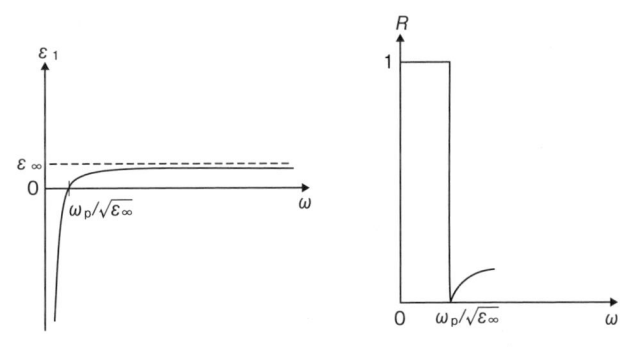

図 4.4.3 金属の (a) 誘電関数実部と (b) 反射率スペクトル (光学誘電率を考慮した場合)

をする際，低周波数側への外挿のための近似式としてよく用いられる．

　金属による光の完全反射は，自由電子による電磁場の遮蔽として理解できる．長波長（低周波数）の光（電磁波）は，自由電子により完全遮蔽され，金属中に侵入できない．しかし短波長（高周波数）の光は，金属を透過する．電磁場の高速の変化（高周波数の電磁波）に自由電子が追随できなくなるからである．

　ピカピカした金属特有の光沢は，可視光をほとんど反射することが原因となっている．同じ金属でも，銀やアルミニウムに比べ，金や銅は黄色や赤みがかった光沢をもっている．これは銀やアルミニウムのプラズマエッジが紫外領域に存在してすべての可視光を反射するのに対して，金や銅のプラズマエッジは 500 nm 付近に存在し，黄や赤の光は反射するが，緑や青の光は一部透過するからである．

　一方，エキゾチック超伝導体と呼ばれるものの多くは，キャリア濃度が低く，プラズマエッジも赤外領域に存在する．したがって，黒色の光沢をもったものが多い．

　式 (4.4.14) からわかるように，金属中の電子の挙動を特徴づける三つのパラメーター（キャリアの密度 n，有効質量 m^*，散乱確率 τ^{-1}）が反射率スペクトルを決定しており，逆にいえば，実験で求めたスペクトルから，これらのパラメーターを抽出できる．以下にいくつかの例を示す．

(1) $\omega_p^2 \propto n$ の関係から，プラズマ周波数からキャリア密度に関する情報が得られる．図 4.4.4 に，n 型 InSb のプラズマエッジ付近の反射率スペクト

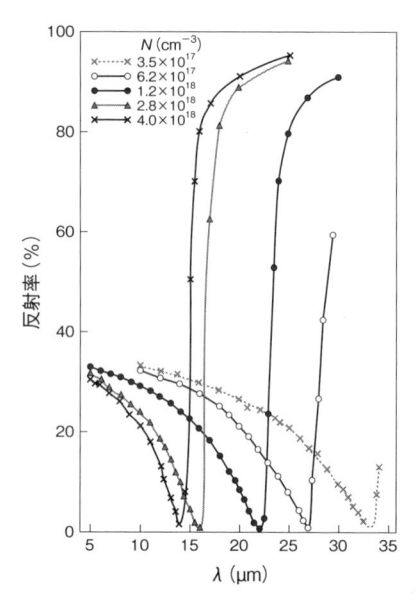

図4.4.4 n型InSbの反射率スペクトル［文献1）を一部改変］

ル[1]）を示す．確かにキャリア濃度 N とプラズマ周波数の2乗が比例していることが確認できる．この物質は半導体であるが，自由電子の電荷応答は金属と同様に扱える．
(2) $\omega_p^2 \propto m^{-1}$ より，ホール係数測定などからキャリア密度がわかっていれば，プラズマ周波数より有効質量が見積もれる．
(3) スペクトルフィッティングにより，散乱確率 τ^{-1} が求められる．これは，直流伝導度を決めている散乱確率と同じものである．電気伝導度 $\sigma(=ne^2\tau/m=\omega_p^2\tau/4\pi)$ の測定からは，プラズマ周波数 ω_p と散乱確率 τ^{-1} を分離して決定することはできないが，光学スペクトルを解析すればこの二つを分離して求めることができる．これは光学測定の強みの一つでもある．

4.4.4 超伝導体の光学応答

a. 超伝導転移に伴う光学スペクトルの変化

金属が転移温度以下 ($T<T_c$) で超伝導状態になると，抵抗0のため，キャリア散乱確率が0になる．ドルーデモデルの誘電関数 $\tilde{\varepsilon}(\omega)$ と光学伝導度 $\tilde{\sigma}(\omega)$ は，式 (4.4.14) より

$$\tilde{\varepsilon}(\omega)=\varepsilon_\infty - \frac{\omega_p^2}{\omega^2+\Gamma^2}+i\frac{\omega_p^2\Gamma}{\omega(\omega^2+\Gamma^2)} \tag{4.4.17}$$

$$\tilde{\sigma}(\omega)=\frac{\omega}{4\pi i}[\varepsilon(\omega)-\varepsilon_\infty]=\frac{\omega_p^2\Gamma}{4\pi(\omega^2+\Gamma^2)}+i\frac{\omega_p^2\omega}{4\pi(\omega^2+\Gamma^2)} \tag{4.4.18}$$

ここで，$\Gamma\to 0$ とすると，

$$\tilde{\varepsilon}(\omega)=\varepsilon_\infty-\frac{\omega_{ps}^2}{\omega^2} \tag{4.4.19}$$

$$\tilde{\sigma}(\omega)=\frac{\omega_{ps}^2}{8}\delta(0)+i\frac{\omega_{ps}^2}{4\pi\omega} \tag{4.4.20}$$

ω_{ps} は超伝導キャリアのプラズマ周波数である．超伝導状態では，誘電関数は実部のみとなり，光学伝導度は有限周波数では虚部のみとなる．式 (4.4.18) の光学伝導度実部は，全周波数で積分すると一定値となる．

$$\int_0^\infty \sigma_1(\omega)d\omega=\frac{\omega_p^2}{8} \tag{4.4.21}$$

これはある種の電子数保存則であり，振動子強度の総和則と呼ばれる．この総和は，相転移が起きても不変であるから，超伝導状態でも実部の全周波数積分は同じ値を与えるはずである．それが $\omega=0$ での δ 関数となっている．

式 (4.4.19)，(4.4.20) は，超伝導状態でのみ成立するので，$\omega\leq 2\Delta$（Δは超伝導ギャップエネルギー）の低周波数のみで成り立つ．$\omega>2\Delta$ の高周波数領域は，入射光で超伝導ギャップを越えて準粒子が励起され（光によって超伝導が壊され），常伝導状態とほぼ同じ応答を示す．

通常超伝導ギャップエネルギーはプラズマ周波数（エネルギー）より2桁以上小さいので，式 (4.4.19) より，$\omega=2\Delta$ を境にして，$\omega<2\Delta$ では $\varepsilon_1<0$，すなわち，$R=1$ となる．一方，伝導度実部は，$0<\omega<2\Delta$ で $\sigma_1=0$，$\omega=0$ では

$\sigma_1 = \infty$（すなわち電気抵抗 0）となる．反射率は完全に 100% であり，超伝導体の磁場を完全に排除する性質と等価なものと考えられる．また，反射率が 100% になる周波数，伝導度が 0 になるしきい値エネルギーが 2Δ であるため，反射スペクトルは超伝導ギャップエネルギーの決定に使われる．

超伝導プラズマ周波数 $\omega_{\mathrm{ps}}(=(4\pi n_{\mathrm{s}} e^2/m)^{1/2})$ は，超伝導キャリア数 n_{s} を含み超伝導体にとって重要なパラメーターである．ロンドン磁場侵入長 $\lambda_{\mathrm{L}}(=2\pi/\omega_{\mathrm{ps}})$ を決めるものでもある．光学スペクトルから ω_{ps} を決定する方法を 3 例挙げる．

(1) 式（4.4.19）からわかる通り，$\varepsilon_1(\omega)$ を ω^{-2} に対してプロットすると，その傾きから ω_{ps} が求められる．
(2) 式（4.4.20）からわかる通り，$\sigma_2(\omega)$ を ω^{-1} に対してプロットすると，その傾きから ω_{ps} が求められる．
(3) 常伝導状態の伝導度実部との差のスペクトル強度を計算すると，$\omega < 2\Delta$ の有限周波数で消失した成分（missing area），すなわち $\omega_{\mathrm{ps}}^2/8$ が求められる．

$$\int_0^\infty \{\sigma_{\mathrm{N}}(\omega) - \sigma_{\mathrm{S}}(\omega)\} \mathrm{d}\omega = \frac{\omega_{\mathrm{ps}}^2}{8}$$

b．汚れた超伝導体ときれいな超伝導体

超伝導相関長 ξ が常伝導状態での平均自由行程 l より十分短い場合をきれいな超伝導体（clean limit superconductor），逆に $\xi > l$ の場合を汚れた超伝導体（dirty limit superconductor）と呼ぶ．きれいな極限では，図 4.4.5 (a) に示すように，散乱確率が小さいため伝導度スペクトルの幅は非常に狭く，$\omega < 2\Delta$ の周波数範囲にほとんどのスペクトル強度が存在している．すなわち，$\omega_{\mathrm{ps}} \approx \omega_{\mathrm{p}}$ であり，ほぼ 100% のキャリアが超伝導凝縮に関与する．一方，汚れた金属状態から超伝導転移した場合は，図 4.4.5 (b) に示す通り，伝導度スペクトルの一部しか $\delta(0)$ に移動せず，超伝導凝縮に寄与するキャリアは一部だけである（$\omega_{\mathrm{ps}} < \omega_{\mathrm{p}}$）．

超伝導ギャップエネルギーの決定は，きれいな極限の超伝導体では非常に困難である．なぜなら，常伝導状態において，$\omega = 2\Delta$ での伝導度の値は十分小さく，超伝導転移した後 $\sigma_1 = 0$ となっても，その変化を実験的に検出すること

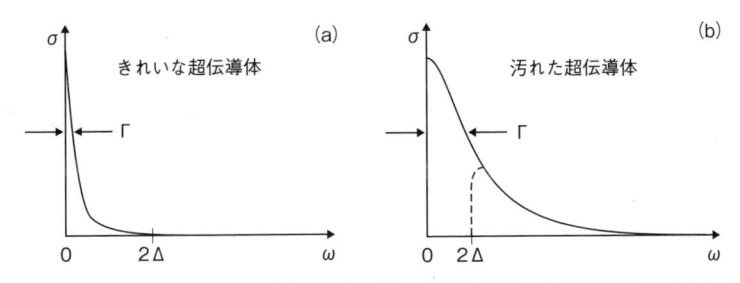

図 4.4.5 (a) きれいな超伝導体と (b) 汚れた超伝導体の光学伝導度スペクトル

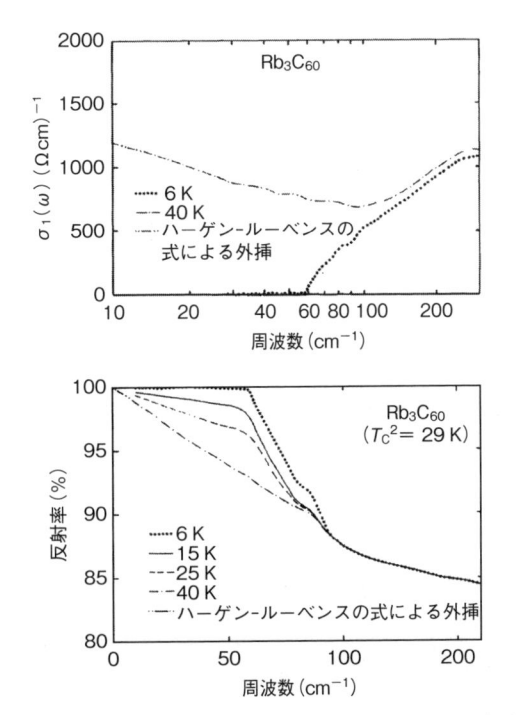

図 4.4.6 Rb_3C_{60} ($T_c=29$ K) の光学伝導度スペクトル (上) と反射率スペクトル (下) [文献 2) を一部改変]

が難しいからである.反射率スペクトルでいえば,ギャップエネルギー付近の反射率は十分 100% に近く,超伝導転移による 100% への変化分は検出できないということである.

一方,汚い金属の場合,超伝導転移に伴う $\omega=2\Delta$ 付近での伝導度の変化は

大きく，検出は容易である．反射率も100%への変化が明瞭に観測される．一例として，図4.4.6にC$_{60}$超伝導体の反射率スペクトル，伝導度スペクトルを示す．$\omega = 60 \text{ cm}^{-1}$に超伝導ギャップの構造が見てとれる．

一般に，超伝導転移温度とギャップエネルギーは比例しているので，転移温度が高い超伝導体については，ギャップエネルギーが光学スペクトル測定の範囲内（遠赤外領域）にあり，測定可能である．しかし，従来型超伝導体のように転移温度が低いものは，ギャップエネルギーがサブミリ波やマイクロ波領域となり，光学スペクトル測定ではギャップの観測は難しい．

c. 2次元超伝導体におけるジョセフソンプラズマ

ここで，少し特殊な例を話題提供する．銅酸化物高温超伝導体のように2次元性の強い超伝導体の場合，伝導面に垂直な方向のプラズマスペクトルはきわめて特殊な様相を呈する．定義からわかる通り，プラズマ周波数ω_pの2乗は，有効質量m^*に反比例する．したがって，m^*が大きい面間方向のω_pは，面内方向のω_pよりずっと低周波数になる．たとえば，面内偏光スペクトルでは，1 eV程度のところにプラズマエッジが存在するのに，面間偏光スペクトルでは，それが赤外領域（数十meV）にある場合がある．

実は，銅酸化物の場合は，有効質量比で異方性を議論するのは適当ではない．強い電子相関により，キャリアは伝導面内に閉じ込められており，面間方向は非コヒーレントな伝導となっている．したがって，面間方向のスペクトルには明確なプラズマエッジを伴う反射スペクトルは見られない．コヒーレント

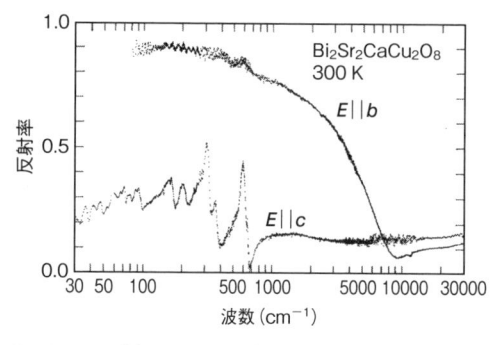

図4.4.7 Bi$_2$Sr$_2$CaCu$_2$O$_{8+z}$の面内および面間偏光反射率スペクトル［文献3）を一部改変］

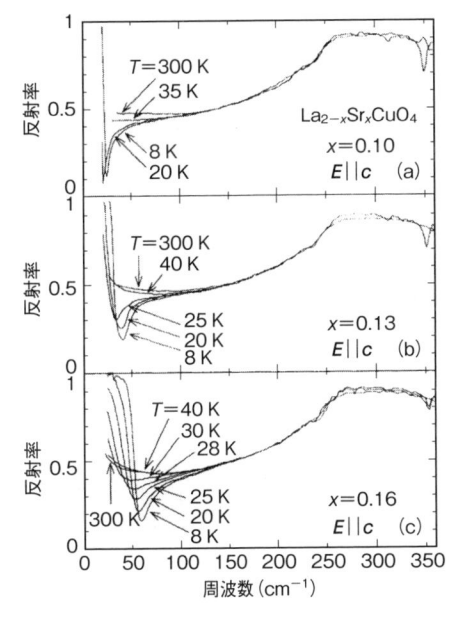

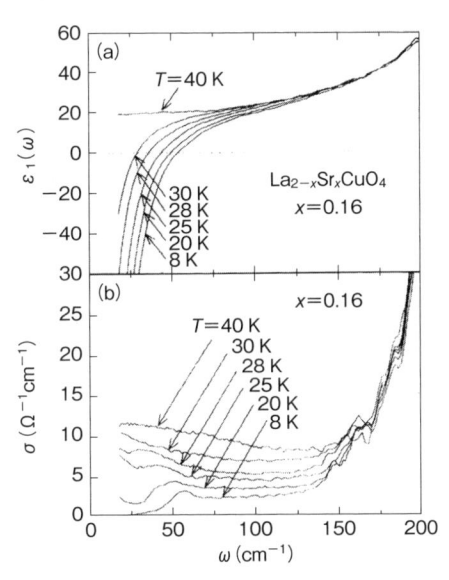

図4.4.8 La$_{2-x}$Sr$_x$CuO$_4$の面間偏光反射率スペクトルの温度依存性［文献4）を一部改変］

図4.4.9 La$_{2-x}$Sr$_x$CuO$_4$の面間偏光の（a）誘電率実部と（b）伝導度（実部）スペクトル［文献4）を一部改変］

伝導が抑制されている場合，$\Gamma > \omega_p$と考えることができ，誘電関数実部は負になることがない．一例として，Bi$_2$Sr$_2$CaCu$_2$O$_8$の面内および面間偏光反射スペクトルを図4.4.7に示す．きれいな反射率の立ち上がりが観測される面内スペクトルに対して，面間スペクトルには，遠赤外領域にフォノンによる吸収ピークしか観測できず，あたかも絶縁体であるかのようなスペクトルになっている．

このように異方性の非常に大きな金属でも，超伝導転移すると面間方向にも超伝導電流が流れ，それによるプラズマスペクトルが出現する．ただし，この場合の面間方向の超伝導電流は，絶縁層を介したジョセフソン電流と見なすべきであり，これをジョセフソンプラズマと呼ぶ．実際，面間方向の超伝導相関長は1Å以下と見積もられ，伝導層間の距離より短い．超伝導転移により面間スペクトルはコヒーレンスを回復し，プラズマエッジが出現するが，プラズマエネルギーが超伝導ギャップエネルギーより小さい場合（$\omega_p' < 2\Delta$）は，ダ

ンピングのない ($\Gamma=0$) プラズマスペクトルとなる．100％反射が突如出現するので，あたかも超伝導ギャップを観測したかと思うが，実は超伝導ギャップではなく，超伝導プラズマを見ているのである．

典型的なジョセフソンプラズマの例として，$La_{2-x}Sr_xCuO_4$ の面間偏光反射率スペクトルを図 4.4.8 に示す．$T_c \sim 30\,K$ 以下で $50\,cm^{-1}$ 付近に出現する鋭い反射率の立ち上がりが，ジョセフソンプラズマエッジである．この構造が超伝導ギャップに対応するものではないことは，伝導度スペクトル（図 4.4.9 (b)）に何の構造も現れないことを見ればわかる．誘電率実部（図 4.4.9 (a)）は，超伝導転移により 0 を横切るようになり，反射率の鋭い構造がプラズマエッジに対応するものであることを示している．

4.4.5 まとめ

固体の光学反射スペクトルを測定するという方法は，今や物性研究としては古典的手法の部類に属するものである．しかし，この古典的手法は，新物質の物性解明には強力な手段となる．ここでは，超伝導体の研究に焦点を当てて，ドルーデ金属から高温超伝導体まで，それらの光学スペクトルからどのような電子状態の情報が読み取れるか，を解説した．自由に動ける電子がいることが「金属」の定義であるが，その電子の数や動きやすさのパラメーター，超伝導転移した場合は，超伝導ギャップの値や超伝導キャリア数といった，電子物性の本質的パラメータが光学測定から決定できる．

通常，反射率の高いピカピカの金属について光学的研究が行われることは稀である．多くの素励起が電子による遮蔽効果で隠されてしまうからである．ただ，エキゾチック超伝導と呼ばれるもの，あるいは黒色の（低キャリア濃度の）金属の場合，スペクトルは多彩である．そのような物質を研究対象とされる場合は，是非本解説を思い出し，光学測定を試みていただきたい．

[田島節子]

参考文献

1) W. G. Spitzer and H. Y. Fan, *Phys. Rev.*, **106**, 882 (1957).

2) L. Degiorgi *et al.*, *Phys. Rev. B*, **49**, 7012 (1994).
3) S. Tajima *et al.*, *Phys. Rev. B*, **48**, 16164 (1993).
4) K. Tamasaku *et al.*, *Phys. Rev. Lett.*, **69**, 1455 (1992).

索　引

欧　文

APD（Avalanche Photodiode）　167

BSF 構造　81

CdS 太陽電池　77
CdTe　76
CdTe 薄膜太陽電池　77
CIGS　76, 79
CLBO（CsLiB$_6$O$_{10}$）　142
CPA（Chirp Pulse Amplification）方式　32
CZTS　79

DAST　143, 193
DFB レーザー　55
DNA ホトリアーゼ　98
DQPSK（Differential QPSK）　62

EO サンプリング法　188
EPR 状態　2

FEL 増幅率　27

GaAs　187
GaSe　192

IR スペクトル　173

KDP（KH$_2$PO$_4$）　140

LBO（LiB$_3$O$_5$）　142
LD（Laser Diode）　44

LED（Light Emitting Diode）　44
LFEX レーザー装置　37
LN（LiNbO$_3$）　141

MQW レーザー　57

OPCPA 方式　35

PDI　171
p/n 接合　80
Poly(2-hydroxyethyl acrylate)　170
polyHEA　170

QPSK（Quadrature Phase-Shift Keying）　62

SASE（Self-Amplified Spontaneous Emission）　28
SMT（Single Molecule Tracking）　170

X 線 FEL　29

Z スキーム　110

ア　行

アイドラー光子　10
アクリル系高分子　170
アバランシェフォトダイオード　167
アモルファス Si　77
暗号鍵　12
アンサンブル計測　166, 172
アンジュレータ　21
アントラセンダイマー　99

イオンアシスト成膜　39
イオントラップ　116
異常光　134
位相感応型増幅器　62
位相共役　63
位相整合　134
位相速度　190
位相変調　62
イソフムロン　104
位置検出分解能　162
一軸性結晶　132
一重項酸素　98
一重項励起状態　97
異方性結晶　132
インターカレーション　98

ウィグラー　24
ウォークオフ角　137
運動誤差　155

永年運動　117
エキシプレックス　90, 96
エキシマー　90
エナンチオマー　100
エネルギー移動　90
エネルギー移動反応　103
エネルギーバンド構造　45
エリプソメトリー　186
円運動型マイクロプローブ　163
円二色性　102
円偏光　24, 102, 168

黄疸　94
帯構造　106
オプシン　93
オリゴマー　173

カ　行

開回路電圧　81
回折限界　167, 169
回転拡散　170, 172
外部微分量子効率　52

外部量子効率　49
架橋　172, 173
架橋剤 tetramethoxymethyl glycoluril　170
架橋反応　174
拡散係数　172
確定状態　4
確率状態　4
確率振幅　5
活性層　48
価電子帯　106
環化反応　97
環境浄化　110
干渉縞計数法　155
間接遷移型半導体　45
乾癬　98

規格化条件　4
幾何公差　146
幾何特性　146
幾何量　148
キサントフィル　94
擬似位相整合　137
基準周波数　152
基底状態　5, 106
輝度　20
キャリア　190
キャリアエンベロープオフセット　191
キャリアエンベロープオフセット周波数　152
キャリア遷移　123
キュービット　126
凝縮固相物質　166
凝縮相　176
共焦点顕微鏡　168
共焦点レーザー顕微鏡　167
共振器長　51
共振器面　51
協奏的　105
局在光　163
キラル　100
キラル光反応　96

索　引

金属ナノ粒子　112

空間的な不均一性　174
屈折率　199
屈折率面　134
クラッド層　48
クラマース-クローニッヒの関係　201
クラマース-クローニッヒ変換　186
群速度　190

蛍光顕微鏡　168
蛍光寿命　167
蛍光測定　165
蛍光の遷移双極子モーメント　170
形状　160
形体　146
結晶Si太陽電池　80
結晶シリコン　76
原子時計　128,152,191

光学的単一分子計測　165
光学誘電率　204
高強度レーザー　31
合金ナノ粒子　113
光子　2
光子相関　167
広視野顕微鏡　168,175
光線療法　95
光速度　148
高非線形ファイバー　66
高分子材料　170,173
光路長　154
国際単位系SI　148
コーナーキューブミラー　155
コヒーレント光　26
混晶半導体　47

サ　行

再結合　46
再生可能エネルギー　75
サイドバンド　121
サイドバンド冷却　121

差周波　188
差周波発生　138,191,192
差動位相変調　62
サブバンド　57,59
三次元座標測定機　160
3次元ネットワーク　173
3次元分解能　175
サンプリングオシロスコープ　184,191

ジアステレオマー　100
ジアリールエテン　101
シェルビング法　125
時間分解分光法　183
時間領域分光　189
時間領域分光法　179,185,191,192
しきい値電流　52
色素増感太陽電池　77
シグナル光子　10
シグマ転位　103
シクロオクテン　96
シクロブタンダイマー　97
四光波混合　65
四重極ポテンシャル　116
自然放出　47
自然放出雑音　70
実効非線形光学定数　134
ジパイメタン転位　103
自発放射　26
遮蔽されたプラズマ周波数　204
自由電子レーザー　15,196
周波数コム　191,194
シュレーディンガーの猫　128
常光　134
省電力　44
助触媒　109
シラク-ゾラーゲート　127
シンクロトロン放射　18
振動基底状態　122
振動子強度の総和則　207
水素エネルギー製造　109
スワップ操作　124

寸法 160

制御ノットゲート 127
正孔 106
セシウム原子時計 129
絶対不斉合成 102
ゼーマン効果 151
セルフクリーニング効果 111
セルマイヤー方程式 132
全光信号再生 62

増感剤 91
走査干渉露光法 40
相対公差 148
相転移 196
挿入光源 18
増幅器 35
測定子 160
ソラレン 98

タ 行

第3世代放射光源 21
第二高調波発生 10, 134
第2世代放射光源 21
太陽電池 75
太陽電池の理論変換効率 78
第4世代放射光源 29
多重量子井戸構造 57
多重量子井戸レーザー 57
縦偏波光子 3
縦モード 55, 56
ダブルパス光学系 155
単一双極子 170
単一分子イメージング 172, 175
単一分子イメージング法 175
単一分子計測 166
単一分子計測装置 167
単一分子検出 176
単一分子追跡 170
単一分子分光 165, 176

遅延時間 17

チタンサファイアレーザー 189, 192, 195
注入型エレクトロルミネセンス 47
超親水性 111
超精密 146
超短パルス発振器 34
超短パルスレーザー 33
超伝導ギャップエネルギー 207
超伝導キャリア数 208
超伝導プラズマ周波数 208
超分子錯体 96
調和振動子 182
直接遷移型半導体 45
直接励起 92
直線偏光 24

デフォーカスイメージング法 172
デフォーカス像 170, 172
テラヘルツ波 139
電界吸収型変調器 63
電荷分離 85
電気光学サンプリング法 188
電気四重極遷移 118
電気双極子遷移 118
電子 106
電子移動 90
電子移動反応 103
電子環状化 100
電子供与性材料 84
電子受容性材料 84
電子ストレージリング 15
電子遷移 46
電子ライナック 29
電着法 87
伝導帯 106

透磁率 199
同旋的 100
特殊相対性理論 16
特性温度 53
特定標準器 150
ドップラー限界 120
ドップラー冷却 119

ドラッグデリバリーシステム 104
ドルーデの式 203
ドルーデモデル 183
トレーサビリティ 149

ナ 行

ナノテクノロジー 146

二酸化チタン 108
二軸性結晶 132
2周波レーザー光源 158
二重ヘテロ構造 51

熱架橋 171
熱硬化性高分子材料 170
ネットワーク形成 176

ノッチフィルター 168

ハ 行

パウルトラップ 116
薄膜Si 76
波形整形 71
ハーゲン-ルーベンスの式 202,204
波長 149
波長標準 149
波長分割多重光通信方式 56
発光再結合効率 50
発光スペクトル 50
発光ダイオード 44
発振波長 54
波動関数 5
波面補正 41
パラメトリック・ダウン・コンバージョン 10
バルクヘテロ構造 85
パルス圧縮器 35
パルス発振 52
パルス幅伸長器 35
パルスレーザー 185,187,189,195
パワー飽和 27
反射スペクトル 183

搬送波 190
反転分布 53
半導体 106
半導体レーザー 44
バンドギャップエネルギー 45,107
バンド構造 106

光異性化 91
光応答性タンパク質 92
光化学反応 90
光活性黄色タンパク質 92
光環化反応 100
光硬化性高分子材料 173
光周波数コム 151
光触媒反応 106
光信号再生 61
光整流 188,191
光増感 90,91
光脱炭酸反応 105
光通信波長 179,194
光定常状態 91
光電気変換型信号再生 62
光伝導アンテナ 187,192
光電流 79
光電流密度 81
光の散乱力 119
光の周波数 149
光パラメトリック増幅 35
光パラメトリック発振 138
光非線形性 63
光ビート 151
光ファイバー通信 61
光放射圧 162
光放射圧制御マイクロプローブ 162
光ラジカル発生剤 173
非線形光学結晶 133,188
非線形光学効果 133,188
ビタミンD 100
左回り円偏波光子 5
非点収差 175
ビート周波数 157
ヒドラジン溶液法 86

ビリベルジン　94
ピリミジン塩基　97
微粒子塗布法　86
ビリルビン　94
ビリルビン血症　95
ピンホール　167

ファブリ-ペロー干渉計　153
ファブリ-ペロー共振器　51
フィルファクター　82
フェムト秒　185
フォトクロミズム　101
フォトリソグラフィー　170
フォノン　182
不均一性　166
不均一広がり　166
複屈折　132
複素伝導度　200
不斉光異性化反応　96
不確かさ　149
プッシュプル型マッハツェンダー変調器　68
フムロン　104
プラズマエッジ　203
プラズマ周波数　203
プラズマ振動数　183
ブルーサイドバンド遷移　123
分子内水素結合　95
分布帰還型レーザー　55

平衡点近傍のダイナミクス　166
並進拡散　169, 170, 172
並進拡散係数　173
平面型アンジュレータ　24
ヘテロダイン干渉　157
ペニングトラップ　116
ヘム　94
ヘモグロビン　94
ヘリカル・アンジュレータ　24
ヘリセン　102
ペリレンジイミド誘導体　171
ベル状態　128

変位　153
偏光特性　21
偏波　3

放射光　15
ホップ　104
ホモダイン方式　153
ホログラム回折格子　160
ポンプ・プローブ法　183, 186

マ 行

マイクロ運動　118
マイクロ3次元形状　162
マイケルソン干渉計　153
マッハツェンダー電気光学変調器　63

右回り円偏波光子　5
ミクロ環境　166
ミクロ物性変化　176

無機薄膜太陽電池　82

メイディーの定理　27
メソポーラス二酸化チタン　112
面発光レーザー　56

網膜　93
モード同期　189, 190, 192
モード同期パルスレーザー　151
モード同期レーザー　189

ヤ 行

有機合成反応　111
有機薄膜太陽電池　76, 77, 83
有効質量　183
誘電関数　186, 198
誘電体回折格子　38
誘電率　199
誘導放射　26
誘導放出　47

ヨウ素安定化 He-Ne レーザー　149

索　引

横偏波光子　3

ラ 行

ラセミ体　96
ラビ周波数　123
ラビ振動　124
ラム-ディッケの基準　121

リアルタイムモニタリング　105
立体保持　105
リニアトラップ　118
リミティング増幅　69
量子誤り訂正　128
量子暗号通信　12
量子カスケードレーザー　59
量子計算　126
量子コンピュータ　14
量子シミュレーション　129
量子収率　108
量子情報処理　126
量子跳躍　125
量子テレポーテーション　128
量子ドットLD　57
量子ビット　14
量子フーリエ変換　128
量子もつれ　2
量子もつれ暗号鍵配送システム　12
量子もつれ光子対　7

量子もつれ状態　7,124
量子力学的重ね合わせ状態　2
量子論理分光法　129
臨界光子エネルギー　20

ルブリン　104

励起子　183
励起子の拡散　85
励起状態　90,106
レーザーアレイ　57
レーザー干渉測長計　153
レーザー発振　52
レーザーホロスケール　160
レーザー冷却　118
レチナール　93
レッドサイドバンド遷移　123
連続発振　52

6-4 光産物　97
ロドプシン　93
ロングパスフィルター　168
ロンドン磁場侵入長　208

ワ 行

ワイドフィールド顕微鏡　168
和周波発生　138
ワンポット合成　113

	光科学の世界		定価はカバーに表示
	2014年7月20日 初版第1刷		

編集者	大阪大学光科学センター
発行者	朝　倉　邦　造
発行所	株式会社　朝倉書店
	東京都新宿区新小川町 6-29
	郵便番号　162-8707
	電話　03(3260)0141
	FAX　03(3260)0180
	http://www.asakura.co.jp

〈検印省略〉

© 2014〈無断複写・転載を禁ず〉　　　　　　　真興社・渡辺製本

ISBN 978-4-254-21042-2　C 3050　　　　　Printed in Japan

JCOPY <(社)出版者著作権管理機構 委託出版物>

本書の無断複写は著作権法上での例外を除き禁じられています．複写される場合は，そのつど事前に，(社)出版者著作権管理機構(電話 03-3513-6969，FAX 03-3513-6979，e-mail: info@jcopy.or.jp)の許諾を得てください．

前大阪大 櫛田孝司著
光 物 性 物 理 学 （新装版）
13101-7 C3042　　A 5 判 224頁 本体3400円

光を利用した様々な技術の進歩の中でその基礎的分野を簡明に解説。〔内容〕光の古典論と量子論／光と物質との相互作用の古典論／光と物質との相互作用の量子論／核の運動と電子との相互作用／各種物質と光スペクトル／興味ある幾つかの現象

東大 大津元一・テクノ・シナジー 田所利康著
先端光技術シリーズ 1
光 学 入 門
―光の性質を知ろう―
21501-4 C3350　　A 5 判 232頁 本体3900円

先端光技術を体系的に理解するために魅力的な写真・図を多用し、ていねいにわかりやすく解説。〔内容〕先端光技術を学ぶために／波としての光の性質／媒質中の光の伝搬／媒質界面での光の振る舞い（反射と屈折）／干渉／回折／付録

東大 大津元一編　慶大 斎木敏治・北大 戸田泰則著
先端光技術シリーズ 2
光 物 性 入 門
―物質の性質を知ろう―
21502-1 C3350　　A 5 判 180頁 本体3000円

先端光技術を理解するために、その基礎の一翼を担う物質の性質、すなわち物質を構成する原子や電子のミクロな視点での光との相互作用をていねいに解説した。〔内容〕光の性質／物質の光学応答／ナノ粒子の光学応答／光学応答の量子論

東大 大津元一編著　東大 成瀬 誠・東大 八井 崇著
先端光技術シリーズ 3
先 端 光 技 術 入 門
―ナノフォトニクスに挑戦しよう―
21503-8 C3350　　A 5 判 224頁 本体3900円

光技術の限界を超えるために提案された日本発の革新技術であるナノフォトニクスを豊富な図表で解説。〔内容〕原理／事例／材料と加工／システムへの展開／将来展望／付録（量子力学の基本事項／電気双極子の作る電場／湯川関数の導出）

日本光学測定機工業会編
光 計 測 ポ ケ ッ ト ブ ッ ク
21038-5 C3050　　A 5 判 304頁 本体6000円

ユーザの視点から約200項目を各1〜2頁で解説。〔内容〕光学測定（光自体、材料・物質の特性、長さ、寸法、変位・位置、形状、変形、内部、物の動き、流れ、物理量、明るさと色）／光を利用（光源を選ぶ、制御する、よい画像を得る）／他

埼玉医科大 吉澤 徹編著
最 新 光 三 次 元 計 測
20129-1 C3050　　B 5 判 152頁 本体4500円

非破壊・非接触・高速など多くの利点から注目される光三次元計測について、その原理・装置・応用方式を平易に解説。〔内容〕ポイント光方式・ライン方式・画像プローブ方式による三次元計測／顕微鏡による三次元計測／計測機の精度検定／実際例

辻内順平・黒田和男・大木裕史・河田 聡・
小嶋 忠・武田光夫・南 節雄・谷田貝豊彦他編
最新 光学技術ハンドブック（普及版）
21039-2 C3050　　B 5 判 944頁 本体29000円

基礎理論から応用技術まで最新の情報を網羅し、光学技術全般を解説する「現場で役立つ」ハンドブックの定本。〔内容〕［光学技術史］［基礎］幾何光学／物理光学／量子光学［光学技術］光学材料／光学素子／光源と測光／結像光学／光学設計／非結像用光学系／フーリエ光学／ホログラフィー／スペックル／薄膜の光学／光学測定／近接場光学／補償光学／散乱媒質／生理光学／色彩工学［光学機器］結像光学機器／光計測機器／情報光学機器／医用機器／分光機器／レーザー加工機／他

黒田和男・荒木敬介・大木裕史・武田光夫・
森 伸芳・谷田貝豊彦編
光 学 技 術 の 事 典
21041-5 C3550　　A 5 判 488頁 本体13000円

カメラやレーザーを始めとする種々の光学技術に関連する重要用語を約120取り上げ、エッセンスを簡潔・詳細に解説する。原理、設計、製造、検査、材料、素子、画像・信号処理、計測、測光測色、応用技術、最新技術、各種光学機器の仕組みほか、技術の全局面をカバー。技術者・研究者必備のレファレンス。〔内容〕近軸光学／レンズ設計／モールド／屈折率の計測／液晶／レーザー／固体撮像素子／物体認識／形状の計測／欠陥検査／眼の光学系／量子光学／内視鏡／顕微鏡／他

上記価格（税別）は2014年6月現在